少年探索发现系列

探索奥秘

INCREDIBLE
UNSOLVED
MYSTERIES

最不可思议的恐龙未解之谜

总策划／邢涛　主编／龚勋

　　恐龙可以说是最令人着迷的史前动物了。它们的身世神秘奇特，它们的演变与进化令人费解，它们的习性千奇百怪。尽管古生物学家们绞尽脑汁地研究它们，可仍然有许多现象令人费解。《最不可思议的恐龙未解之谜》将诸多谜团展现在读者面前，并试图找出最接近真相的答案。

　　本书分为神秘的恐龙世界、离奇的蜥臀目恐龙、奇妙的鸟臀目恐龙和难解的其他史前动物四部分。第一只恐龙是怎样的？恐龙是否会游泳？恐龙们是同时灭绝的吗？是否还有幸存的恐龙？美颌龙和鸟类有什么渊源？霸王龙和三角龙谁更厉害？猛犸象为什么灭绝了？……一个个谜题将带你进入神秘的恐龙世界。标题下的提问可以帮助读者了解问题的核心内容，"恐龙大揭秘"则可以帮助读者了解更多与正文相关的小知识。

　　还等什么？快随着本书进入扑朔迷离的恐龙世界吧！

重返光怪陆离的恐龙王国！！

目录
CONTENTS

第二章 65~98
离奇的蜥臀目恐龙

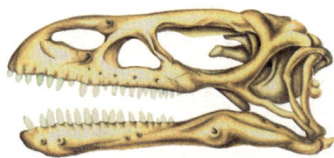

第一章

神秘的恐龙世界

自从恐龙化石被发现之后，人们就对这些神秘的史前动物十分着迷，并不断研究与探索。但是随着研究的深入，人们对恐龙的疑问却逐日增多。第一只恐龙是怎样的？恐龙家族有多少成员？它们为什么有那样奇特的长相？它们的习性如何？它们是怎样繁衍生息的？它们又是怎样灭亡的？现今还有活恐龙吗？……带着这些疑问，让我们一起进入神秘的恐龙世界吧！

恐龙之前的生命爆发

> 恐龙出现之前地球上有生命吗?
> 寒武纪为什么会发生生命大爆发?

距今约2.5亿年至6500万年前,在地质年代上称作中生代。由于在中生代以恐龙为代表的各种大型爬行动物繁衍十分旺盛,占据了海、陆、空三大生态领域,所以中生代也被称为"恐龙时代"。或许有人要问:恐龙是怎么来的? 恐龙出现之前地球上有生命吗? 生命是从哪里起源的?

根据科学家的说法,恐龙是由地球上的生命慢慢演化而来的。地球上的生命进程大概开始于36亿年前。生命始于大海,并开始进化。在距今约5.3亿年前一个被称作寒武纪的地质历史时期,地球上突然涌现出大量动物,节肢动物、腕足动物、蠕形动物、脊椎动物等纷纷亮相,出现了多种门类动物同时存在的繁荣景象。这就是至今被国际学术界列为"十大科学难题"之一的"寒武纪生命大爆发"。

寒武纪为什么会出现如此多

二叠纪
三叠纪
侏罗纪
白垩纪
第三纪
寒武纪
石炭纪
泥盆纪
志留纪
奥陶纪
第四纪
前寒武纪时期
地球刚形成

的生命？古生物学家们都想弄清楚这个问题的答案，因为他们想由此得知另一种动物——恐龙的起源问题，而恐龙的远古祖先有可能就是在这一时期出现的。

　　某些达尔文主义者或新达尔文主义者认为，寒武纪生命大爆发是一种假象。由于进化是渐进的，所谓的"爆发"只不过是首次发现了也许早在前寒武纪时期就已经广泛存在并发展的生物，其他的生物化石群则可能由于地质记录的不完全而缺失了。另一种观点认为，寒武纪生命大爆发代表了生物进化过程中的真实事件。古生物学家推测，生命大爆发可能和当时的大气状况有关，也许那个时候的空气里正好积攒了足够的有利于生命呼吸的氧，因此十分利于动物的生存。

　　目前，这两种观点都没有证据确凿、令人信服的解释，所以科学家们还在继续致力于实地考察和研究，以求早日完全解开寒武纪生命大爆发之谜。

大恐龙揭秘
Dinosaur

寒武纪生物生活形态

　　寒武纪时期，各种生物形态奇特，和现在地球上的生物极不相同。它们过着底栖生活，以微小的海藻和有机质颗粒为食。其中最繁盛的是节肢动物三叶虫，所以寒武纪又称为"三叶虫时代"。

3

恐龙祖先称霸之谜

恐龙的祖先是谁?
槽齿类爬行动物是如何称霸地球的?

　　恐龙大约是在中生代三叠纪的中晚期开始出现的,它们的直系祖先是三叠纪早期的一类爬行动物。那时,地球上活跃着许多爬行动物,其中,似哺乳类爬行动物最为繁盛,是一个大种族。而恐龙的祖先却是一个小种族——槽齿类爬行动物。

　　三叠纪早期槽齿类爬行动物还比较弱小,在当时众多的爬行动物类群中不怎么起眼。但是到了三叠纪中晚期,形势却发生了戏剧性的变化,强盛的似哺乳类爬行动物迅速衰落,只留下一支后裔在地球上艰难度日。槽齿类爬行动物越来越强大,并演化出一支后起之秀——恐龙。

▼ 槽齿类爬行动物

　　这种局面的出现,使古生物学家深感意外和困惑。因为从生物进化的角度着眼,似哺乳类爬行动物要比槽齿类爬行动物进步得多,前者比后者具有更大的竞争力。那么槽齿类爬行动物到底凭借什么优势战胜了对手呢?

　　有人认为,槽齿类爬行动物是一类肉食动物,它们四肢有力,而且在进化中获得了后肢行走的能力,能做短距离快速奔跑,行动灵活。对于靠捕猎为生的动物而言,这不能不说是一种优势。另外,三叠纪以后,地球

气候温暖，年温度差也不明显。环境的稳定、优越，弥补了槽齿类爬行动物御寒能力不足的缺点，使它们的家族得到了空前的发展。

还有人认为，可能在似哺乳类爬行动物发展的早期，它们居住的地方曾遭受过长期严寒的袭击，致使它们的身体偏重于对恶劣气候的适应，而四肢的力量和敏捷性则改进不大。它们仍然处于半爬行状态，这就大大削弱了它们的生存竞争能力，使它们在与凶猛的槽齿类爬行动物交手时处于十分不利的地位。于是，槽齿类爬行动物将大部分似哺乳类爬行动物消灭，最后称霸了地球。

究竟槽齿类爬行动物称霸的原因是什么，科学家们仍在继续研究。

🔺 槽齿类爬行动物行动灵活。

🔻 似哺乳类爬行动物的头骨

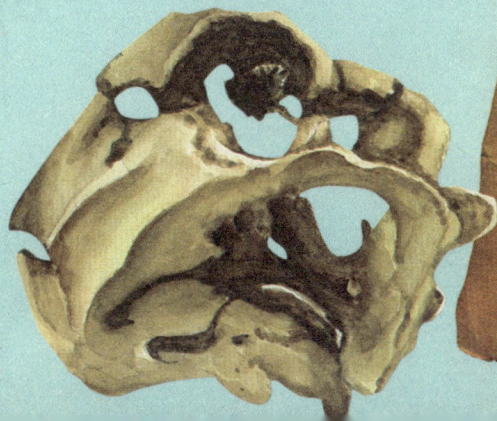

恐龙揭秘
Dinosaur

似哺乳类爬行动物

似哺乳类爬行动物是爬行动物进化为哺乳动物的过渡类群。它们的特征是骨头数目慢慢减少，牙齿逐渐进行分化，有门齿、犬齿之分，不像其他爬行动物长着同形齿。

探寻第一只恐龙

始盗龙是第一只恐龙吗？
埃雷拉龙比始盗龙更古老吗？

在目前已发现的诸多恐龙化石中，时代最早的都是在南美洲发现的，如始盗龙、埃雷拉龙和南十字龙等。人们不禁猜测，到底哪一个才是第一只恐龙呢？

1993年，人们在阿根廷西北部伊斯巨拉斯托盆地的三叠纪晚期地层里发现了始盗龙的骨骼化石。它们看起来拥有十足的"强盗嘴脸"，于是当时的古生物学家称它们为"黎明时的强盗"——始盗龙。他们指出，在始盗龙的身上，包括牙齿和骨骼，都保留着较多的原始特征。于是很多人便自然地认为始盗龙是第一只恐龙了。

🔺 埃雷拉龙的骨骼

后来，人们在与始盗龙同一个时代、同一个地方的地层里发现了埃雷拉龙的骨骼化石。它们的个头比始盗龙要大得多，似乎更加凶猛。于是有一些人认为埃雷拉龙比始盗龙更加古老，只是它们的知名度不及始盗龙那样高罢了。

▲ 始盗龙的身上保留着很多原始的特征。

此后，人们又在巴西的三叠纪中晚期的地层里发现了南十字龙的骨骼化石。当时它们的化石记录极不完整，只有大部分的脊椎骨、后肢和大型下颌。但是古生物学家仍然复原了南十字龙的大部分骨骼。研究发现，南十字龙与始盗龙、埃雷拉龙都是近亲。南十字龙的前掌和后掌各有5根指头，这是非常原始的恐龙的特征。此外，南十字龙只有两根脊椎骨连接骨盆与脊柱，这是一种明显的原始排列方式。于是一些人认为，南十字龙才是最古老的恐龙。

事实上，关于第一只恐龙是谁还没有定论，也许是始盗龙、埃雷拉龙和南十字龙中的一种，也有可能是这三种之外的恐龙，只是至今还没有被发现而已。不过可以肯定的是，这三种恐龙已经离最早期的恐龙非常接近了。

▼ 南十字龙

恐龙大揭秘
Dinosaur

恐龙之乡——月谷

月谷位于南美洲的安第斯山脉的东侧，这里虽然荒芜，却埋藏着大量中生代的恐龙化石。始盗龙最初就是在这里被发现的。除了始盗龙外，古生物学家还在这里发现了很多其他珍贵的恐龙化石。

数量难测的**恐龙种类**

目前已经发现的恐龙有多少种？
恐龙总共会有多少种？

恐龙在中生代是一个十分庞大的家族，在当时的动物界居统治地位。在时间上，它们在地球上生存了1.6亿年之久；在空间上，它们的足迹遍布地球的七大洲。恐龙数量众多，为了便于研究，科学家们把它们分成两大类，一类叫作蜥臀目恐龙，一类叫作鸟臀目恐龙。蜥臀目包括草食性的蜥脚类和肉食性的兽脚类两类。鸟臀目则分为五大类：剑龙类、鸟脚类、甲龙类、角龙类和肿头龙类。

🔺 恐龙总共有多少种，现在还无法确定。

或许有人要问，恐龙究竟有多少种呢？据1995年一位美国专家的不完全统计，已发现的恐龙有1000多种。

很多人不相信这是地球上生活过的所有恐龙的种数。他们认为一定还有

恐龙揭秘
Dinosaur

恐龙骨骼化石的形成

有些恐龙死后，尸体很快被沉积物覆盖，这样就不会发生氧化或其他反应。上面的沉积物不断增厚，硬化成岩石，骨骼和牙齿等坚硬部分在地下会被分解和重新结晶，最终变成化石。

大量恐龙的遗骨深埋地下，尚未被发现，也有不少恐龙可能白白在世上走了一遭，死后什么遗物也没有留下。因为动物的尸体要变成化石是非常不容易的，可以说，只有极少数幸运者死后才会被适时地、长时间地埋藏，最后石化而成为化石。

恐龙的种数无法确定还有人为的原因。有些时候，古生物学家在不同地点，将一种恐龙根据不同部位的骨骼给予不同的命名，直到古生物学家有机会研究彼此的标本材料才能明了，这种事件屡屡发生。一旦发觉到了错误，命名在后的恐龙要除名，然后采用第一种命名。

▲ 有的恐龙死后并不能成为化石。

后来美国有研究者用数学模型计算出了恐龙总数的估计值，大致是1850种。可惜这只是一种估算，究竟地球上生活过多少种恐龙，恐怕谁也无法准确计算出来。不过可以肯定的是，地球上曾经生活过的恐龙数目远远大于已经被我们发现的数目。这表明，摆在恐龙专家面前的任务还相当艰巨，恐龙的发现与研究任重而道远。

揭秘恐龙 木乃伊化石

恐龙是怎样变成木乃伊的？
恐龙木乃伊化石是怎样形成的？

一提起木乃伊，很多人都会想到古埃及的木乃伊。但是，你知道吗，恐龙也会变成木乃伊。

恐龙死后，其皮肉和内脏很容易腐烂。

1908年，古生物学家在美国堪萨斯州发现了一具非常特别的木乃伊化石，死者是在白垩纪后期生存数量相当可观的鸭嘴龙。发现时，它双腿向上仰卧在那里。后来它被搬进美国自然历史博物馆陈列起来。慕名而来的观众络绎不绝，他们无不惊叹大自然的神奇。

恐龙专家们对这具鸭嘴龙木乃伊化石及其埋藏环境进行了研究，然后进行了大胆的猜测。大约7000万年前，这里是个炎热干燥的不毛之地。一天，不知为什么，一只鸭嘴龙离开了栖息地，离开了它的伙伴们，独自来到这里。也许它已病魔缠身，也许它迷失了方向，它再也走不动了，终于仰天倒卧在滚烫的沙地上。从此它再也没有爬起来，就这样躺在那里，

默默地死去了。尸体长时间暴露在荒野，很可能曾被食腐动物光顾过，因为发现它时，它的躯体仅仅保存了不到一半。在火辣辣的太阳的曝晒下，尸体脱水，皮肉干缩，使得肋骨和大腿骨显得格外突出。最后，鸭嘴龙变成了一具干尸。

　　后来这里发生了大洪水，在干尸的皮肉还没来得及被水泡软前，泥砂质沉积物就把它掩埋了。岁月流逝，沉积物越来越厚，干尸被埋在深深的地下。几千万年过去了，泥砂变成了岩石，干尸变成了化石。于是就有了我们现在看到的这具恐龙木乃伊化石。

　　事实真是这样的吗？恐怕还需要大量的证据来证明。更巧合的是，迄今为止，古生物学家们已经发现了4具恐龙的木乃伊化石，无一例外，全是鸭嘴龙的。这又说明了什么呢？至今有很多谜团尚未解开。

大恐龙揭秘
Dinosaur

鸭嘴龙

　　鸭嘴龙是白垩纪晚期一类较大型的鸟臀目恐龙，在亚洲及北美洲等地都有发现。它们的嘴由于颌骨和齿骨的延伸而横向扩展，变得很宽阔，像鸭子的嘴一样，所以得名。

11

探秘恐龙的生活方式

草食性恐龙是独居还是群居？
肉食性恐龙过群居生活吗？

　　现在的野生动物有些独居，有些群居。那么，中生代的恐龙是群居还是独居的呢？

　　古生物学家们曾经在雷龙化石的发现地发现了大脚印在外、小脚印在内的现象，这似乎说明它们过着有组织的群居生活，群体内部可能有带头的首领，幼龙会受到群体成员的保护。并且一直以来，人们发现的恐龙足迹化石及化石的埋藏情况，似乎都在说明草食性恐龙过着有组织的群体生活。群居不仅有利于草食性恐龙种群的繁衍，更利于相互保护以抵御肉食性动物的入侵，达到集体防御的目的。

　　不仅如此，加拿大古生物学家柯

◆ 独居的恐龙要面临更多的危险。

恐龙大揭秘 Dinosaur

霸王龙家庭公墓

　　考古学家在美国的蒙大拿州东部出土了一个恐龙公墓，从里面挖出4具霸王龙骸骨，其中2具是未成年的，1具是少年的，还有1具婴儿期的。所以人们推测，霸王龙也有可能是过家庭生活的。

◆ 肉食性恐龙也有可能集体进攻。

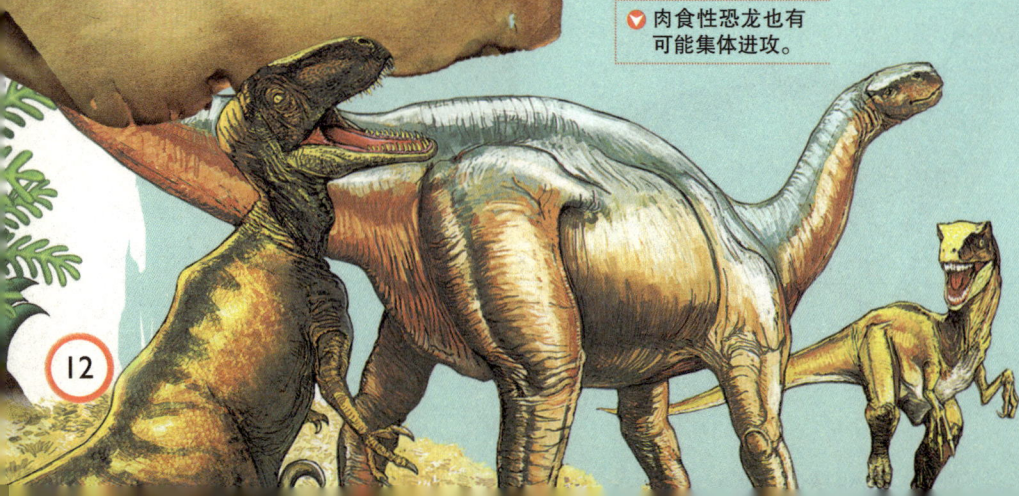

里博士还发现了两处多只肉食性恐龙的化石遗址。其中一处在加拿大的艾伯塔省，那里同时发现了最少12只老幼参差的肉食性恐龙的化石。此外，专家又在南美洲的巴塔哥尼亚高原发现了另一个类似的恐龙化石群。柯里博士研究后称，发现证明了大型肉食性恐龙是集群生活的。它们当年老幼合作，一起觅食。

不过，一些专家不完全同意这种说法。他们认为，很多恐龙的化石在同一个地方找到，不一定代表它们一起生活。可能有其他原因导致恐龙骨骼被埋在一起，例如有些恐龙的骨骼是在它们死后被洪水冲到同一个地方的。英国伦敦自然历史博物馆的米尔纳博士也说，在同一个地方找到一大批恐龙化石，不一定代表它们在一起觅食，即使证明了它们在一起觅食，也不一定代表这些恐龙生前是一起生活的。

看来，关于恐龙是否过群居生活仍旧是个谜，有待专家深入研究才能揭开谜底。

🔻 危险来临时，大雷龙会保护小雷龙。

13

恐龙是否会游泳

恐龙会游泳吗？
恐龙在水中的足迹是怎样留下的？

恐龙喜欢生活在有水的地方，例如河流、湖泊旁边。因为那里水源丰富，植被会格外茂盛。在那样的地方生活，可以吃喝不愁。可是恐龙会游泳吗？这是科学家多年来一直争论不休的问题。以前的一些被认为是恐龙在水中游泳的证据，最后都被证实是恐龙在陆地上留下的。

功夫不负有心人，研究人员终于在西班牙里奥哈省的一段河床砂岩上，发现了12组又细又长的恐龙足迹。在对这些足迹进行研究后，研究人员推测，大约1250万年前，一只巨大的两足兽脚类恐龙在经过一片大约3.2米深的水域时，像现在的水鸟一样，用两个后肢交替划水，在水中尽力保持平衡，并且直线向前。为了

◁ 恐龙是否会游泳呢？

▲ 恐龙比较喜欢在水边生活。

加快速度和改变方向，它不时用后肢猛蹬水底，于是留下了断断续续的脚印。

根据这种情况，人们大胆猜测，恐龙是会游泳的，而且在所有的恐龙中，鸭嘴龙的水性最佳。因为它们可能趾间有蹼，而且都有一条扁平的大尾巴，游泳时尾巴左右摆动，可以推动鸭嘴龙快速前进。

可是，有不少人对此持怀疑的态度。他们对这只在水中留下足迹的恐龙非常疑惑，当时陆地上植被丰富，食物充足，而且没有肉食性动物追捕它的痕迹，它为什么要下水游泳呢？还有人认为，恐龙身躯庞大，脖子很长，如果在水中行进时脚踩着湖或河底，把头露出水面呼吸，那并不能算是游泳。

一大堆谜团尚未解开，恐怕还需要古生物学家继续探索与研究。

恐龙大揭秘
Dinosaur

现存动物的水性

现存的爬行动物都有比较好的水性，鳄类和龟鳖类自不必说，蛇也能在水中游来游去。哺乳动物几乎都会游泳，牛、马、老虎都会游泳，猪、狗还是这方面的高手。

聆听**恐龙的声音**

恐龙能发声吗?
恐龙的叫声是什么样的?

　　恐龙的世界是悄无声息还是热闹喧哗的? 它们能发出叫声吗? 声音又会是怎样的? 多年来, 人们在不断猜测着这些问题。因为声音是无形的, 不可能留下化石, 当时也没有录音的设备, 所以关于恐龙的叫声, 古生物学家只能依靠推测。

　　一些古生物学家认为恐龙是不会叫的。他们的根据是现在的爬行动物都不会叫, 像蜥蜴、蛇、龟、鳄鱼等都不会发声。如果恐龙会发声的话, 根据进化理论, 现在的爬行动物也应该会发声, 而且声音要更完善, 而事实恰恰相反。此外他们研究了一些恐龙的骨骼, 发现有的恐龙没有声带, 这些恐龙可能是"哑巴", 顶多能像蛇那样发出一

现在大多数爬行动物是不会发声的。

点“咝咝”声。

可是有些科学家却坚信恐龙能发声。他们认为，霸王龙能发出狮吼虎啸般的声音，因为只有这种叫声才符合霸王龙至高无上的地位与身份。而一些小型的兽脚类恐龙，特别是与鸟类相像的种类，应该会发出像鸟一样婉转动听的鸣叫。

美国马里兰大学的研究者罗伯特·杜林也赞成恐龙会发声的观点。他在研究了大量现存鸟类后得出结论：体形较大的鸟容易听清低频率的声音，而体形较小的鸟则对高频率的声音更敏感。他坚信，这种体形与听觉间的对应关系无论对于小小的燕雀，还是对于庞大的恐龙，都同样适用。依据恐龙的听觉，便可以推测它们的叫声。杜林认为，为了适应听觉，恐龙的叫声频率肯定很低，而且身躯庞大的恐龙也许还能通过次声探测远方同类的活动。次声频率极低，人耳无法听见，但它却可以传播到很远的地方。

以上这些观点都很有道理，但是因为证据不够充分，所以都停留在待考证的阶段。

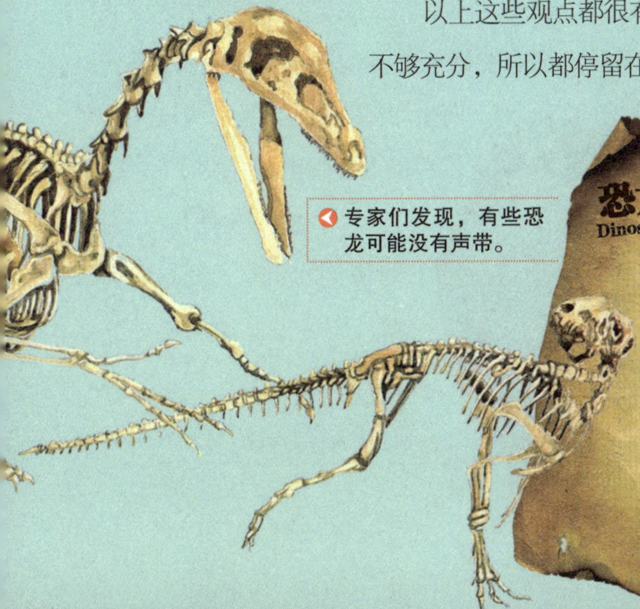

专家们发现，有些恐龙可能没有声带。

恐龙大揭秘 Dinosaur

鸟类怎样发声

鸟类的发声器官叫鸣管。鸣管位于气管与支气管交界处，由若干扩大的软骨环及其间的鸣膜组成。空气通过气管快速冲出时，气流使鸣膜等振动而发声。

关于**恐龙睡眠**的猜想

恐龙是怎样睡觉的？
恐龙需要冬眠吗？

所有的生物都需要休息，恐龙也不例外。但是有些问题一直困扰着专家学者们：恐龙怎样睡觉？它们会冬眠吗？

因为睡眠不会留下任何明确的物理证据，所以古生物学家们只好根据现存的动物来推测恐龙的睡眠习惯。例如，大多数体形较小的恐龙可能会像鳄鱼那样趴在地上睡觉；还有一些恐龙像现在的鸟类一样，后肢蜷缩在身下，头埋在一个前肢下睡觉；体形大的恐龙因为体重的关系，有可能像马一样站着睡觉。

另外，像现在的爬行动物一样，在漫长的冬季，恐龙很可能会调整自身的状态，变得行动迟缓，进行"冬眠"。有证据显示，在冬季到来时，澳大利亚"恐龙湾"的植物几乎都会停止生长，那样的话，生活在那里的恐龙没有食物，很可能每年都要休眠几个月以熬过冬天。而生活在北极地区的恐龙在冬天有可能会休眠更长一段时间。

可这些毕竟是古生物学家们的想象，没有事实依据，所以恐龙如何睡觉至今还是个谜。

◀ 恐龙有可能会冬眠。

真假难辨之**恐龙迁徙**

恐龙为什么要迁徙？
恐龙迁徙留下证据了吗？

　　现存自然界中的动物由于繁殖、觅食、气候等原因
会进行一定距离的迁徙，并且它们的迁徙有一定的规律
和路线。或许有人会问，恐龙会不会迁徙呢？

　　近年来，科学家们通过已经获得的大量信息推测恐龙可能
会迁徙。这些信息主要来自于恐龙时代大陆的气候。在某些
地区，不仅寒冷的冬天会阻碍植物的生长，而且酷热和干
燥的气候也会使植物停止生长，这使得恐龙没有足够的植
物食用，不得不迁徙到别处去。

　　另外，许多恐龙成群跋涉时留下了足迹，所以
古生物学家们推测恐龙有迁徙的习性。

　　可惜的是，这些大多只是科学家们的推
测，而恐龙足迹的不连贯性也让人们无法确定
它们是不是迁徙。

❤ 恐龙可能是为了食
物而迁徙。

19

恐龙寿命知多少

恐龙长寿吗？
恐龙究竟能活到多少岁？

关于恐龙的寿命，一直以来都是个谜。因为古生物学家们无法准确知道恐龙到底生长得有多快，它们需要多少年才能成年，它们最多又能活多少年。

科学家们先从研究现存动物的寿命入手，希望从中推算出恐龙的寿命。最后，他们发现，恐龙的爬行类亲戚（主要是龟）寿命之长超过了所有其他动物。而可能与恐龙一脉相承的鸟类，也在高寿之列。相反，一向被认为长寿的哺乳动物

恐龙大揭秘
Dinosaur

血温与寿命的关系

恐龙是温血动物还是冷血动物，这是正确估算恐龙寿命的一个关键。如果恐龙是温血动物，便可用现存温血动物的生长模式来计算寿命。那样的话，恐龙的个体可活几十年甚至上百年。如果恐龙是冷血动物的话，则可以活上200年或更长时间。

就相形见绌了。

　　研究了其他动物之后，科学家们又研究了一些恐龙的骨骼生长环，以此检测它们骨骼的年龄。最后，他们发现这些恐龙死亡时的年龄为120岁。我们知道，许多恐龙死于意外。还有些恐龙上了年纪以后就像人老了一样，行动不灵活，体力也不支了，这时它们很容易受到恶劣天气的影响或肉食性恐龙的攻击而丧生。因为没有证据表明被研究的这些恐龙是在颐养天年后自己慢慢老死的，所以可以断定，120岁并非恐龙享有的最高寿命。

▲ 恐龙到底是长寿还是短命呢？

　　后来，有不少学者排除了恐龙非正常死亡的因素，大致推测出了它们的寿命：小型肉食性恐龙的寿命从3岁到10岁不等，大型肉食性恐龙的寿命从20岁到50岁不等，而某些种类的恐龙活100～200岁是不成问题的。它们可以说是除龟以外寿命最长的动物。还有人推测，草食性恐龙比肉食性恐龙更加命长，大型恐龙比小型恐龙寿命更高。一些小型恐龙顶多能活几十年，而庞大的梁龙、雷龙大概能活到200岁以上，腕龙说不定可以活上300年左右。事实是否如此呢？现在还没有一个肯定的说法，还需要科学家继续研究，争取早日揭开这个谜团。

难测高低的**恐龙智商**

恐龙脑容量与体重的比率是怎样的？
庞大的恐龙一定比小动物笨吗？

　　人们熟悉的恐龙，如马门溪龙、雷龙、梁龙、剑龙、甲龙等，身躯大，脑袋小，一眼望去，给人以傻乎乎的感觉。可是，恐龙真的很笨吗？

　　一些科学家认为：不要对恐龙的智商抱过高的期望。因为只有脑容量与体重的比率越大，动物才会越聪明。虽然我们很难精确地计算出恐龙的脑容量与体重，但是从外表来看，那些身躯庞大的恐龙大多拥有一个小小的头颅。再看现在那些与恐龙血缘接近的动物，如一般的爬行动物或哺乳动物，体形较大者，脑容量就相对显得较小。解剖学上的研究显示，动物脑的成长率约为体重成长率的2/3。也就是说当动物的体形变大时，脑容量也随着增加，但是，脑容量的增加远比不上体重的增加快。这样导致的结果

◥ 恐龙看起来并不聪明。

就是，越大的动物，其脑容量与体重的比率就会越小。这样就不难推测出，恐龙是不太聪明的动物了。

还有些科学家认为，在脊椎动物的不同门类中，脑容量与体重的比率并不相同。举例来说，小型哺乳动物的脑容量，和体重相同的小型爬行动物比较起来，前者显然较重些。由此可以推论：大型哺乳动物的脑容量，比相同体重的大型爬行动物，也应该更重些。所以作为爬行动物的恐龙应该是一种比较笨的动物。

但是有些科学家很快否定了这个观点。他们指出，现在并没有证据证明大动物一定比同类的小动物要笨些，所以我们目前只能假设：大动物的脑容量，即使在比例上不如小动物的脑容量那么大，但它的表现不一定就比小动物差。从这个假设着眼，我们就不能低估大动物的智力，特别是本文的主角——恐龙，它的智力也必须重新加以探讨。

以上只是科学家们根据恐龙的脑容量推测出的结论，恐龙聪明与否，我们现在不得而知。

恐龙大揭秘
Dinosaur

恐龙的脑量商

科学家大致推测出恐龙的脑量商，发现马门溪龙等蜥脚类的脑量商最低，只有0.2～0.35，甲龙和剑龙的脑量商为0.52～0.56，角龙为0.7～0.9，鸭嘴龙为0.85～1.5。大型肉食性恐龙达到1～2，而小型肉食性恐龙竟然比它们高3～4倍。

令人惊诧的大个子

恐龙有多高大？
为什么恐龙会长那么高大？

霸王龙是我们熟知的恐龙，它们从头到尾长达15米，站起来有6米高，几乎和两层高的楼房差不多。可是在恐龙家族中，霸王龙只能算是中等身材。真正的庞然大物是那些蜥脚类恐龙，包括马门溪龙、雷龙、梁龙、腕龙等，体长二三十米十分平常，抬起头有五六层楼高也不足为奇。

科学家一直弄不明白，为什么恐龙要长那么高大？这对它们有什么好处？

一般情况下，许多种类的动物倾向于演化成越来越壮硕的体形。这或许意味着：你长得越硕壮，那些比你小的动物就越难吃掉你。在今天的荒野里，一只独来独往的狮子不会企图去攻击大象或者犀牛——只因为它们体形太庞大了。人们依此推测，一只异特龙恐怕也不会主动去攻击硕大的成年梁龙。

一些科学家通过对脑垂体的研究来解释恐龙身高的问题。脑垂体是控制人体成长的内分泌腺，脑垂体过大会造成人类长成异常的体形。有证据表明，许多恐龙长着非常大的脑垂体，这就有可能使恐龙的身躯变得庞大。

关于恐龙长得如此庞大的一个有趣而且很奇特的说法是，在中生代的时候，大量的太阳辐射能到达地球，从而加速了恐龙的生长。还有一种假说是，恐龙变成庞然大物是调整体温的需要。中生代昼夜温差较大，而大型的动物较小型动物在降低体温方面要缓慢得多，因此巨型恐龙可以利用身体在白天吸取大量的热能，在晚上保持自身的温度。关于恐龙长成大个子的另外一种说法是，可能与恐龙生命的长短有关。我们知道，当人类长到成年时就停止了成长，某些细胞死去便不再替换新生。而许多爬行动物一生都在持续成长，细胞持续替换，所以越长越大，恐龙也不例外。

究竟哪种才是恐龙长那么高大的原因，至今没有一个统一的说法。

> 腕龙是个十足的大个子，有12米高。

恐龙大揭秘
Dinosaur

恐龙中的小个子

其实恐龙家族中有许多成员的个子是十分矮小的，如小鸟龙、似鸵龙、棱齿龙、鹦鹉龙、恐爪龙等，身长一般在2～4米之间。有些恐龙更小，如小盗龙，还没有鸽子大。

> 恐龙中也有一些小个子。

25

恐龙为何长有像鸟的喙

哪些恐龙长了像鸟那样的喙？
像鸟一样的喙有什么用处？

　　白垩纪晚期，有一些恐龙的嘴发生了有趣的变化，长出了像鸟那样的喙。鸭嘴龙们名副其实，喙酷似鸭喙，但要比鸭喙大出10多倍。鹦鹉龙的喙，简直与现在鹦鹉的喙一模一样。而与鹦鹉龙有亲缘关系的原角龙、角龙等，也长有这样的喙。似鸵龙是一种很像鸵鸟的小型恐龙，它们长有鸵鸟似的无牙的喙。有个别小型恐龙的喙又尖又硬，有点像啄木鸟的喙，喙中也没有牙。

　　看到如此多长喙的恐龙，人们不禁会产生疑惑：它们为什么要长这样的喙呢？

　　我们知道，恐龙为了生存，就必须努力去适应环境。白垩纪末期，地球上的气候起了变化，喜温的、叶子又大又多的裸子植物开始凋零，而树叶很小的开花植物开始兴旺起来。科学家们根据这一观点推测，恐龙嘴的变化，可能就是为了更好地获取白垩纪末期新生的食物，从而适应环境。

　　鸭嘴龙的上下两大片薄薄的喙中，密密地排列着两行牙齿，有时多达2000颗，形同磨盘，能将比较粗糙的植物枝干磨细，有助于消化。长有鹦鹉喙的恐龙，也是为开发新的食物来源而变化的。白垩纪晚期，开花植物虽然叶子变少了，但却长有许多可供食用的果实。据推测，长有鹦鹉喙的恐龙很适于采食这类果实。也有人认为，这种喙还适于挖掘草根。有的恐龙为了适应吃蛋的生活，演化出一副啄木鸟似的尖而硬的喙。它肚子饿了的时候，会偷偷摸到其他恐龙的蛋窝里，拣一个又大又新鲜的蛋，美美地吸食着里面的蛋液。一些带有洞眼的恐龙蛋也许就是被它们偷食过的。也有人说，这种喙还适于吃蚌类等软体动物。

　　可惜这只是科学家们的推测，事实是否如此，还有待进一步的研究。

◀ 恐龙的嘴形可能与食物有关。

恐龙大揭秘
Dinosaur

恐龙不同形状的牙齿

　　说到恐龙的嘴，就不得不提恐龙的牙齿。恐龙牙齿的形状各式各样：短剑式、剪刀式、大刀式、梳子式、木桩式、锉刀式、钉耙式、铅夹式和挤压式等等。

27

解析恐龙的大鼻子

恐龙的鼻子有多大?
恐龙为什么长着那么大的鼻子?

长期以来,人们都以为恐龙的鼻子长在非常靠近眼睛的部位,实用价值很小。近些年,一些古生物学家经过反复考证得出结论:人们对恐龙的相貌认识有误。恐龙的鼻腔长在靠近嘴巴的部位,非常大,最大的直径甚至超过50厘米,几乎占据了头颅体积的一半以上。

恐龙为什么要长一个如此大的鼻子呢?科学家们纷纷对此怪现象表示疑惑,然后进行了大胆猜测。

据美国俄亥俄州立大学疗骨医学院的进化生物学家劳伦斯·威特米尔说,恐龙的大鼻子是用来作"空调"的,免得自己的大脑温度升得过高而受损。一般情况下,动物体形过大,它们的皮肤表面积就会相对过小,这就会导致降温困难。如果体内的温度升得太高,一些重要的器官如大脑就会受到损伤。在恐龙统治地球的中生代,地球白天的气温比现

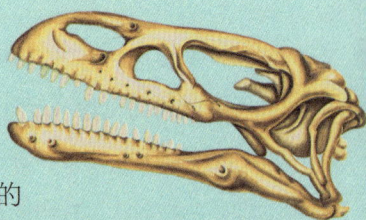

鼻子的大小和体形成正比吗?

在要高得多,而体温居高不降对恐龙来说无疑是个很大的威胁。据研究,现存的哺乳动物、鸟类和爬行动物通常是通过鼻甲中一种黏液状的鼻膜来避免中暑的。这种鼻膜能大大增加皮肤表层和外界的接触面。当血液流过鼻甲时,热量就被鼻膜散到空气中。冷却的血液使得大脑的温度也降了下来。威特米尔认为,恐龙的大鼻子中也有着同样的鼻甲,它们就是靠着自己的大鼻子才能以这么庞大的身躯在较热的地球上存活下来的。

可这毕竟是一家之辞,目前有很多人对此表示怀疑。如果真是这样的话,那么恐龙鼻子的大小就应该和体形成正比,以便散热,可是这种说法并没有足够的科学依据,所以恐龙为什么要长着这样大的鼻子至今还是个不解之谜。

板龙的鼻孔相对于头部来说的确很大。

恐龙大揭秘
Dinosaur

恐龙鼻子的结构

恐龙的头骨里有两个鼻洞,也就是鼻孔。两个鼻洞通向里面的鼻腔,那里长有嗅觉器官。恐龙的头骨化石还显示气流通道从鼻腔向后一直通向头里,以便于呼吸。

一无所知的恐龙眼睛

恐龙的眼睛是什么颜色的?
恐龙的视力怎么样?

迄今为止,人类从未发现过恐龙眼睛的化石,因为眼睛是湿润的、软的,恐龙一旦死亡,眼睛要么被食腐动物吃掉,要么很快腐烂掉。一直以来,研究恐龙的眼睛主要依靠眼睛在头骨上的位置——眼窝。

头骨化石上的眼窝显示,恐龙的眼睛与现在爬行动物的眼睛类似。在含有恐龙化石的地层中,色素是不可能保存下来的,所以直到现在,科学家也不能确定恐龙眼睛的颜色。但是,他们根据现在的爬行动物推测,恐龙的眼睛大多数应该是灰黑色的。无论恐龙的眼睛是什么样子,什么颜色的,人们最关注的还是它们视力的情况。那么,恐龙的视力好不好呢?

▼ 小型肉食性恐龙的视力很好。

恐龙揭秘
Dinosaur

恐龙的视叶

恐龙脑袋里有块很大的隆起的部位,科学家们称之为视叶。视叶作为动物眼底视团的一个有机组成部分,对视力好坏的影响很大。因为恐龙的视叶很大,很明显,所以人们推测它们的视力可能很好。

判断视力好不好，大体有两个标准，一是眼睛的大小，二是双眼的位置。古生物学家推测，鸭嘴龙有一双大眼睛，眼睛周围有一圈能活动的骨质的巩膜板，其作用如同照相机的光圈，对视力很有帮助。同时，鸭嘴龙没有自卫的武器，霸王龙又总是想吃它们，视力好的话，就能及时发现敌情，迅速逃命，所以鸭嘴龙的视力应该很好。

　　身躯庞大的蜥脚类恐龙的视力要比鸭嘴龙差，而剑龙和甲龙的视力就更差了，它们可能是恐龙家族的"近视眼"。肉食性恐龙的视力比较好，这是生活的需要。它们的双眼不仅大，而且位置靠前，像双筒望远镜，可同时聚焦在同一个目标上，能准确判断距离，以便向猎物发起攻击。恐爪龙、迅猛龙、伤齿龙、似鸵龙等小型恐龙视力最佳。它们的眼睛很大，位置也很靠前。这种好眼力是为了适应捕猎生活而逐渐演变成的。

　　但是目前还没有确凿的证据来证明这些推测，还需要古生物学家继续考察，得出更加准确的结论。

🔻 鸭嘴龙的眼睛很大，视力应该不错。

令人困惑的 **恐龙尾巴**

恐龙拖着尾巴走路吗？
恐龙奔跑时尾巴怎样放置？

近年来，越来越多的人对恐龙的尾巴感到困惑，开始询问恐龙站立时，尾巴如何放置和摆动。他们还想要知道当恐龙奔跑时，它们的尾巴是直接悬空在身体的后方，还是被拖在地面上。由于恐龙的动作很难留下遗迹，所以古生物学家们只好根据现存的动物来推测。

现在很多古生物学家认为，大部分两足行走的恐龙在行走时，会将尾巴悬空在身体的正后方用以保持平衡。一些恐龙在站立不动时会将尾巴放在地面上作为支撑，可是另一些恐龙却无法做到这样，因为它们的尾巴实在太僵硬了。很多迅捷的两足行走的恐龙，像似鸵龙与恐爪龙等，当它们奔跑时，身体向前倾，同时将尾巴悬空，用以保持身体的平稳。这时它们身躯的形状在流体力学上来讲最有效率。假如它们想在奔跑中急速转弯的话，也能够利用尾巴来稳定自己的身体。例如：恐爪龙要想快速改变方向，只要摇摆变化其尾巴的方向就可以了，所以不论恐爪龙追捕的猎物如

⬇ 按照科学家们的推测，雷龙的尾巴应该拖在地上。

恐爪龙的尾巴能使它保持平衡。

何机警迅速，终究逃脱不了它们的猎取。

关于四足行走的恐龙，很多古生物学家认为它们在走路时会将尾巴拖在身后，而在奔跑时尾巴的放置则又是另一个问题了。有些学者认为，它们奔跑时尾巴会伸展到身体后方，和两足行走的恐龙一样。另一些人则持不同的看法，他们认为大部分四足行走的恐龙——尤其是巨大的兽脚类恐龙——如雷龙，总是拖着长长的尾巴在身后的地面上，即使在它们奔跑时，也会拖着尾巴。因为它们的尾巴实在太长、太重了，无法全部抬起来。这种情形就如同在传统的恐龙书上描绘的一样。

这些争论事实上只是人们关于恐龙的一些猜测，恐龙的尾巴究竟是怎样放置的，可能短时间内难有定论。

四足行走的恐龙在奔跑时，尾巴会呈现什么状态呢？

恐龙揭秘
Dinosaur

动物尾巴的功能

动物的尾巴形形色色，而且用途也不一样，但主要作用在于：①平衡作用；②支撑作用；③保安作用；④保温作用；⑤定向和推进作用；⑥能量贮藏作用。恐龙的尾巴也应该具有这些功能。

33

争论不休的恐龙肤色

我们能确定恐龙皮肤的颜色吗？
恐龙会有和现代动物一样的肤色吗？

△ 棱背龙的皮肤复原图

　　1985年，中国古生物工作者在四川省自贡市采到了一具较完整的剑龙化石骨架。技术人员意外地发现了一小块皮肤化石。中国虽盛产恐龙化石，但发现皮肤化石还是首次！准确来讲，这是一块恐龙皮肤的印膜化石，是剑龙皮肤印在细软沉积物上形成的印痕。后来皮肤烂掉了，皮肤的印痕却保留了下来，并形成了化石。

　　有了这块皮肤印膜化石，人们清楚地看到了剑龙皮肤的纹理，但可惜的是，皮肤中的色素是不可能保存下来的，所以人们对恐龙皮肤的颜色还是一无所知。古生物学家联系

> 恐龙的皮肤很难形成化石。

现存的动物发现，动物的肤色与它们的行为息息相关，所以有关恐龙肤色的描述都是根据现存爬行动物和生物适应性的原理来推测的。

有一些古生物学家发现，现存爬行动物中，多数种类颜色单一，因此估计多数恐龙也应该是单色的，如暗绿色、棕色、灰色等。而有的种类也可能像现生巨蜥那样，色彩斑斓。不同的色彩和花纹是不同种类恐龙的标志，以利于个体之间相互辨认。还有古生物学家说，雄孔雀开屏是为了吸引雌孔雀，那么，恐龙很有可能也会用华丽的肤色来吸引伴侣的注意。还有一些古生物学家认为，鲜艳的色彩可以作为保护色。一些小型的有毒性的恐龙用它来警告其他肉食性恐龙不要轻易侵犯，或者作为伪装色，有保护自身的作用。

这些推测都十分有道理，但究竟对不对，恐怕无人说得清，只能期待今后更多的考古发现来给我们揭开这个谜团。

恐龙大揭秘
Dinosaur

恐龙的皮肤什么样

到目前为止，发现的恐龙皮肤化石证明，恐龙的皮肤坚硬、多鳞，鳞片深深嵌入其粗糙的、厚厚的皮肤。鳞片的形状大多呈六边形，就像一个个蜂房一样，十分规则。

恐龙产卵数量之谜

恐龙妈妈每次产几枚卵？
恐龙为什么能每次产那么多卵？

　　古生物学家到目前为止，还无法统计每种恐龙一次产卵的数量，因为有很多恐龙的巢穴并没有找到，而且还有些恐龙妈妈每次都是边走边产卵。到底一次产了多少枚卵，实在无法计算。

　　不过，有一些恐龙还是悄悄地"透露"了自己每次产卵的数量。在蒙古国出土的一个完整的原角龙巢穴中，人们发现了20枚左右相同的蛋，似乎可以证明是一次产下的。后来，古生物学家们还发现了慈母龙的巢穴，发现它每次能产约25枚蛋。

　　从原角龙和慈母龙每次能产20多枚蛋来看，恐龙是比较多产的动物。这是为什么呢？现代鸟类只有一套卵巢和输卵管，每次只能产下一枚或少数几枚卵，而鳄鱼等爬行动物具有两套卵巢和输卵管，每次可以产下很多枚卵。一些古生物学家研究了恐龙的生殖系统，发现恐龙的生殖系统虽然与鸟类有些共同之处，但更多地方与鳄鱼等爬行动物相似，所以恐龙应该比较多产。事实是否如此呢？我们期待今后有更加准确、科学的解答。

❤ 古生物学家猜测恐龙比较多产，所以数量众多。

肉食性恐龙如何育儿

肉食性恐龙会吃掉自己的宝宝吗？
肉食性恐龙如何抚养宝宝？

大多数肉食性恐龙都用两条腿走路，身体呈流线型，这使它们能更方便地追捕猎物。它们通常前肢上长着锋利的爪子，还长有一张大嘴巴，牙齿十分锋利，适于抓紧和撕咬猎物。

可惜的是，虽然出土了很多肉食性恐龙的化石，但却没有发现过任何肉食性恐龙的巢穴，所以对于它们如何抚养宝宝还不是很清楚。古生物学家根据现存的肉食性哺乳动物的习性对它们进行了推测，认为：小恐龙出生后，可能会受到同类，甚至是自己爸爸的袭击。为了避免这种情况的发生，它们的妈妈会像现在的老虎妈妈一样，在宝宝快出世时，把它们的爸爸赶走。宝宝出生后，妈妈会教它们狩猎等生存方法，然后才让它们离开家独立生活。这种观点目前还只是一种猜想，恐怕要到古生物学家们找到肉食性恐龙的巢穴后才能得到合理的答案。

它会怎样对待自己的宝宝呢？

37

气温决定**恐龙性别**吗

恐龙的性别是由气温决定的吗?
气候突变会给恐龙带来什么影响?

　　孩子的性别是由父母性染色体的差异来决定的,那么恐龙的性别是由什么来决定的呢?

　　1982年,英国《自然》杂志上刊载了一篇有趣的报道,说美洲鳄生男还是生女是由气温决定的,而不像大多数动物那样,是由父母性染色体的差异所决定的。研究者曾在野外收集了大量美洲鳄的受精卵,然后分成6个组,分别在6种不同的温度(26℃、28℃、30℃、32℃、34℃和36℃)下进行孵化。经过65天的孵化,结果令人感到意外:孵化温度为30℃和低于30℃的卵孵出的全为

❤ 恐龙的性别是由什么决定的呢?

雌性鳄；孵化温度为34℃和高于34℃的卵孵出的全为雄性鳄；孵化温度为32℃时孵出的鳄雌性、雄性都有，但雌多雄少，其比例为5∶1；孵化温度低于26℃或高于36℃时，卵全部死亡。此后，中国的生物学家对扬子鳄进行了考察，发现它们生男生女也是听天由命，自己作不了主，与其近亲美洲鳄一样。在野外，美洲鳄雌的多、雄的少，而扬子鳄也是雌的多于雄的。

后来科学家进行了更深入的研究，最后得出结论：爬行动物中，除了蛇以外，蜥蜴、龟、鳖的性别都是由气温决定的。这种现象使古生物学家们很自然地联想到了恐龙，它们的性别是否也是由气温决定的？他们推测，恐龙妈妈把蛋生出来以后，如果孵化时的气温较高，那么小恐龙几乎全是雄性或是雄性居多。同样的道理，气温较低时，则雌性恐龙居多。假如这种说法成立的话，我们就要为恐龙担心了。因为一次气候突变就可能给这些中生代霸主们带来不堪设想的后果，要么变成"女儿国"，要么变成"男儿国"，结果都会灭亡！

目前，气温决定恐龙的性别还只是个假说，能否成立还不得而知，还有待古生物学家们的继续探索与研究。

❤ 恐龙的性别由孵化时的温度决定吗？

恐龙大揭秘
Dinosaur

扬子鳄怎样孵卵

扬子鳄在产卵前，在地面挖一个直径约50厘米的浅坑，并向坑内堆放20～30厘米厚的杂草和树叶，产下16～47枚卵后，再覆盖上50厘米厚的杂草，利用杂草发酵时释放的热能使卵孵化。

39

侏罗纪恐龙兴盛之谜

侏罗纪恐龙的进化源于什么？
是什么成就了侏罗纪恐龙的黄金时代？

　　1亿多年前，地球是恐龙的天下，科学家把这个时期叫作侏罗纪。侏罗纪末期可谓恐龙的黄金时代，恐龙的种类繁多，据说达750种左右；它们体形庞大，草食性恐龙身高达十多米，体重达五六十吨。但是，恐龙并不是一开始就这么多、这么大。到底是什么使恐龙演变成这样的呢？

　　古生物学家们说，不管是什么改变了恐龙，都是在侏罗纪中期的4000万年之间发生的。但是，侏罗纪中期的化石十分稀少，寻找当时的遗迹一直是考古学中的一大难题。为了解开侏罗纪之谜，许多古生物学家不断探索，但却得出了不同的结果。

　　一些古生物学家认为，恐龙的进化是由物种灭绝引起的。他们找到了1.8亿年前侏罗纪时期海底生命的记录，想利用这些记录说明在侏罗纪中期，地球经历了一场大面积的物种灭绝。物种灭绝创造了一个缺少竞争的世界，使幸存者进化成了新类型的恐龙。然而，目前却没有

⚫ 侏罗纪时期为什么有这么多大型恐龙？

证据来证明这种观点。

　　还有一种观点认为，气候的改变使恐龙变得兴旺繁盛。研究发现，侏罗纪早期的气候很奇怪：在同一地方，气候会从极度潮湿猛然转变为十分干燥和炎热。所以有人认为，只有均衡的世界才能产生均衡的动物，这就是侏罗纪中期以前恐龙缺乏多样性的原因。侏罗纪中期，随着巨大陆地的分裂，原来的大陆可能被海洋分割了，气候也改变了。不同的气候区产生新的生态系统，新的生态系统则意味着新生命的产生，于是恐龙家族便大大发展起来。

　　后来，有科研人员在阿根廷找到了一些化石，他们正努力从中寻找侏罗纪恐龙兴盛的原因，但是结果还没有公布，我们只好拭目以待。

恐龙大揭秘 Dinosaur

侏罗纪天气报告

　　在侏罗纪时期，海洋带来的水分能够到达内陆地区，所以这时候气候温暖、湿润。这时，海水开始向陆地上蔓延，一些地势比较低洼的地方被海水淹没了，三叠纪时期的一些内陆沙漠也逐渐消失。

⚫ 侏罗纪时期的剑龙

探秘"恐龙公墓"

什么是恐龙的原地埋藏论和异地埋藏论？
大山铺恐龙公墓是怎样形成的？

  人们将发现大量恐龙化石的地方称为"恐龙公墓"。位于中国四川省自贡市的大山铺恐龙化石遗址，以其埋藏丰富、保存完整而令世人瞩目。那么，这个恐龙公墓是怎样形成的呢？许多科学家从不同的角度研究这个问题，得出了一些结论，虽然还不能完全解开这个谜，但是为我们认识这个问题提供了可参考的依据。主要有三种理论：

  一种是原地埋藏论。这个理论的根据是岩石学以及恐龙化石的埋藏特征。在1.6亿年前的侏罗纪中期，大山铺地区河流纵横、湖泊广布。这样的自然环境，再加上当时温和的气候条件，使得这里完全成为了一个恐龙生存繁衍的"天堂"。但是，可能是误食了有毒的植物，或者其他什么原因，大批的恐龙死去了，并被迅速地埋藏在较为稳定的砂质浅滩里，因此形成了恐龙公墓。

> 有些恐龙死亡后被搬
> 运到另一个地方。

另一种是异地埋藏论。持有这种观点的学者认为，大山铺的恐龙是在别的地方死亡后被自然的力量搬运到本地区埋藏起来的。首先，这个"公墓"不像是一下子就形成的，而是经历了较长的时间，各种化石重叠堆积，交错横陈在一起。再者，本地区恐龙化石虽然很多，但其中完整或较完整的却不多，大约只占总数的1/5。而且综观化石现场，靠近上部或地表的化石较破碎零散，大都是恐龙的肢骨，很像经搬运后被磨蚀得支离破碎的样子。有人推测，很多恐龙的尸体是从别的地方被水"搬"到这里的，但搬动的距离不是很远，否则就不会有较完好的骨架化石了。

还有一些科学家综合了以上两种结论，认为大山铺恐龙公墓中的一部分化石是搬运后被埋藏起来的，也有一部分为原地埋藏，因此这是一个综合两种成因而形成的恐龙公墓。

究竟大山铺恐龙公墓的成因是怎样的呢？由于没有确凿的证据，至今还没有一个令所有人信服的说法。

恐龙揭秘
Dinosaur

自贡恐龙博物馆

1987年，中国投资数千万元，在大山铺恐龙化石遗址修建了亚洲最大的恐龙自然博物馆——自贡恐龙博物馆。这是继美国国立恐龙公园、加拿大恐龙公园之后又一座规模较大的恐龙博物馆。

43

离奇的恐龙患癌事件

如何判定恐龙生病了？
恐龙为什么会患癌症呢？

在成都理工大学博物馆的大厅里，陈列着一具巨大的蜥脚类恐龙化石骨架，它是出土于中国四川省的合川马门溪龙。专家发现，在这只庞然大物的颈椎、脊椎和尾椎等部位，长了很多瘤状物和结核。这些骨质多余物附着在它的身上，可见这只恐龙生前曾为骨科病痛所折磨，活得很不轻松。

无独有偶，从陈列在美国自然历史博物馆中的巨型恐龙——雷龙的尾椎骨上，我们能清楚地看到它生前患过化脓性骨髓炎的痕迹。

除此之外，还有一位美国医生在一块长30厘米的恐龙肱骨化石的一端，发现了一块像人类拳头般大小的菜花状骨质增生物，这种异常增生很可能是软骨肉瘤。

研究人员检查出不少鸭嘴龙身上长有肿瘤。

恐龙大揭秘
Dinosaur

癌

"癌"在一般意义上可以指代一切恶性肿瘤，但在病理学中却单指来源于上皮组织的恶性肿瘤，此外，还有其他一些恶性肿瘤按约定俗成的方法命名，比如血液系统的恶性肿瘤被称为白血病等。

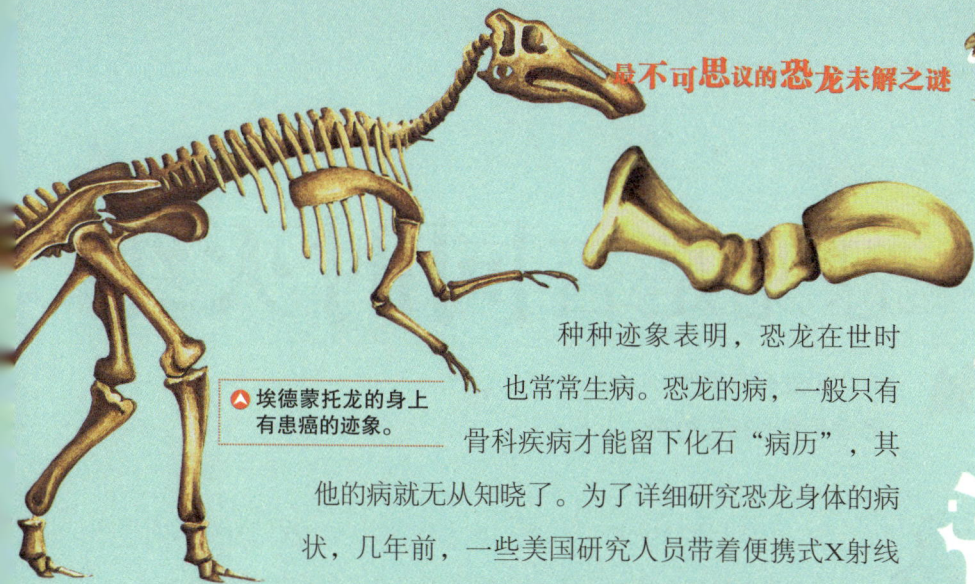

▲ 埃德蒙托龙的身上
有患癌的迹象。

种种迹象表明，恐龙在世时也常常生病。恐龙的病，一般只有骨科疾病才能留下化石"病历"，其他的病就无从知晓了。为了详细研究恐龙身体的病状，几年前，一些美国研究人员带着便携式X射线扫描仪，对北美多个古生物博物馆的恐龙进行了"体检"。检查后他们惊讶地发现，不少鸭嘴龙的骨骼上长有肿瘤。研究人员声称，这些肿瘤多是血管外皮细胞瘤，其形状与人类血管外皮细胞瘤非常相似。扫描还发现，鸭嘴龙中的埃德蒙托龙身上的肿瘤最多，也是唯一出现恶性肿瘤即癌症的恐龙。

恐龙为什么会患病，甚至患了不治之症——癌症呢？一些科学家推测说，鸭嘴龙以针叶类树木为食，这些植物中致癌化合物的含量较高，患癌可能与此有关。另外，还有人认为，从鸭嘴龙的骨骼结构来看，它们很可能体温恒定，而恒温动物患癌的几率更大一些，所以它们患癌的几率也不小。当然，这些都是推测。实际情况如何，恐怕一时难有定论。

恐龙是否同时灭绝

末代恐龙都有哪些?
恐龙是同时死去的吗?

菊石

一谈起恐龙灭绝的问题,大家往往以为,我们所熟悉的那些恐龙是在6500万年前一下子全死光了。事实是否如此呢?

一些科学家说,事实上许多恐龙的"消失",只不过是恐龙演化过程中的新老更替现象。例如,一些生活在侏罗纪晚期的大型肉食性恐龙,到白垩纪时已经被霸王龙等取代了。如果说白垩纪末期恐龙真的全部消失的话,那么也只是那些所谓的"末代恐龙"死去了,如霸王龙、鸭嘴龙、甲龙、角龙、似鸟龙、肿头龙、伤齿龙等,所以不能说恐龙是同时灭绝的。

一些科学家认为,有70%以上的恐龙在当时灭绝了,其他的一些恐龙则勉强躲过了劫难,它们是在随后的几百万年里逐渐死去的。这种说法并不是没有道理的,因为在6500万年前以后的地层里,仍有一些恐龙

恐龙是在一次大灭绝事件中全部死亡的吗?

46

骨骼被发现。例如，美国新墨西哥州6000万年前上下的地层中就曾经发现了恐龙的残骸。在阿拉斯加新生代的冻土带里，也发现过三角龙的化石。

还有一些科学家认为，恐龙在白垩纪结束之前就陆续灭亡了。如恐龙中的"巨人"蜥脚类，在侏罗纪时期最繁盛，是当年的"多数民族"，梁龙、阿普吐龙、腕龙、马门溪龙等都是那个时期的大明星。但到了白垩纪，蜥脚类恐龙就变成了"少数民族"，家族越来越不兴旺了。在白垩纪末期，它们仍旧存在，但数量已经不多。剑龙主要生活在侏罗纪，白垩纪时已经很少，白垩纪末期只在印度有极少数一些，但是否同时灭绝，则不清楚。有人反对说，有证据显示生活在海洋里的头足类动物——菊石就是在白垩纪末期同时灭绝的，所以恐龙也可能如此。

可是这些科学家都没有拿出足够的证据来证明自己的观点，恐龙是否同时灭绝，现在还不能确定。

直击恐龙"哑蛋"事件

白垩纪末期的大量恐龙蛋化石说明了什么？
恐龙为什么会生出如此多的"哑蛋"？

　　1993年，从中国河南省爆出一条轰动世界的科学新闻：南阳市的西峡等县发现了大量的恐龙蛋化石，仅西峡一县就出土了5000多枚！之前世界上许多国家都出土过恐龙蛋化石，但是数量不多，总数约为500枚。那些发掘出恐龙蛋化石的地质层绝大多数是白垩纪晚期，尤以白垩纪末期最多。有意思的是，河南发现的恐龙化石也是白垩纪末期的。

　　不能说其他时代的恐龙蛋化石绝对没有，而是数量相当少。比如在三叠纪、侏罗纪的恐龙蛋化石都曾被发现，但总和都要比白垩纪少很多。

　　人们不禁产生疑问：为什么白垩纪晚期的恐龙蛋化石这么多，而其他两纪的恐龙蛋化石却那么少？是白垩纪的恐龙特别爱下蛋吗？不是。白垩纪末期的恐龙蛋化石数量多，说明当时恐龙蛋孵化率很低，大量蛋成为不能孵出

△ 如果小恐龙孵化不出来，恐龙的种族就无法延续下去。

小恐龙的"哑蛋"，结果长期埋在沙土中变成了化石。相反，其他时代的恐龙蛋大多孵化出了小恐龙，因而形成化石的机会很少。

至于恐龙生出"哑蛋"的原因，目前科学界主要有两种观点。有的科学家认为白垩纪末期气候突变，导致雌恐龙内分泌失调，生下了不能孵化出小恐龙的"哑蛋"。这种说法可能有一定道理。因为在中国已经发现了大量的有病变现象的恐龙蛋化石。另有一些科学家认为，白垩纪末期气候寒冷，致使孵出的恐龙女多男少，造成性别比例严重失调。这样的情况下，大多数雌恐龙下的蛋没有机会受精，就成了育不出后代的"哑蛋"。这一观点的例证是：一名英国化石商人在研究了自己所收藏的来自白垩纪晚期的70枚恐龙蛋化石后发现，其中仅有一枚内含胚胎，足见当时恐龙蛋的受精率有多低。

恐龙蛋的受精

受精是指雌恐龙的卵子和雄恐龙的精子融合的过程。卵子受精前，代谢水平低，因此很快夭折。而受精后，卵子的代谢速率迅速提高，并开始合成DNA，最后孕育出小恐龙。

两种说法都有道理，但真相究竟如何呢？恐怕还需要大量的研究来验证。

◀ 刚从蛋中孵化出来的小恐龙

哺乳动物杀了恐龙吗

是哺乳动物吃光了恐龙蛋吗？
哺乳动物能吃掉恐龙吗？

恐龙灭绝之前，哺乳动物与它们共同生活在地球上。恐龙灭绝了，哺乳动物反而更加发展壮大起来。于是有人开始怀疑，恐龙的灭绝是否和哺乳动物有关。

有些古生物学家猜测，哺乳动物大量偷吃恐龙蛋，使恐龙"后继无人"，最后因断子绝孙而灭亡。但是这种说法似乎不能自圆其说。因为鳄鱼、蜥蜴和龟类的蛋也不可避免地会被哺乳动物偷吃，但它们却一直活得好好的。

另外有一些古生物学家猜测，哺乳动物身躯细小，行动敏捷，很有"心计"。它们白天躲在洞穴里养精蓄锐，夜幕降临后，成群结队地溜出来四处活动觅食，如发现有昏睡的恐龙，则群起而攻之。恐龙在气温较低的夜间，体内代谢速度大大减慢，周身变得呆滞麻

恐龙大揭秘
Dinosaur

中国的中生代哺乳动物

迄今为止，中国已出土的中生代哺乳动物共有26属29种（包括3个未定种），时代分布从侏罗纪早期到白垩纪晚期，而且大多数都有保存得很好的头骨和骨架。

恐龙竟毁灭于小小的哺乳动物吗？

木，当受到哺乳动物的围攻时，既无还手之力，也无招架之功。尤其是那些年幼和病弱的恐龙，很容易成为哺乳动物们集体享用的美餐。就这样，日复一日，年复一年，恐龙的数量越来越少，直至全部灭绝。

△ 白垩纪晚期的哺乳动物

但是问题又出现了，哺乳动物靠夜袭的战术捕食某些恐龙，这样的事不能说没有，但一时间它们能消灭那么多的庞然大物，实在令人难以置信。何况这种说法也不能解释，为什么白垩纪末期生活在海洋中的爬行动物也灭绝了。

还有一些古生物学家认为，恐龙与哺乳动物之间的生存竞争是有的，但按哺乳动物当时的生存环境、身体条件和数量，应该不是恐龙的对手。在整个中生代，恐龙牢牢地占据着陆地，只给哺乳动物留下了很小的生存空间。恐龙灭绝时，哺乳动物并不强大。在恐龙灭绝后的100万～200万年，哺乳动物才获得了空前的发展。因此，一些古生物学家认为，恐龙被哺乳动物灭杀的可能性很小。

哺乳动物是杀死恐龙的凶手吗？由于专家们的意见不统一，所以现在还不能确定。

51

杀死恐龙的疑凶

太阳会对物种产生哪些危害？
太阳耀斑能杀死所有的恐龙吗？

　　为了追查6500万年前杀害恐龙的凶手，科学家几乎用怀疑的眼光审视周围的一切，连太阳也成了杀害恐龙的疑凶。

　　科学家指出，对地球上的芸芸众生来说，太阳是朋友也是敌人。太阳抚育万物生长，同时对地球的磁场、电离层、大气、生物等方面影响很大，有时会给它们造成极大伤害。各种太阳活动中，对地球影响最大的就是耀斑。耀斑是一种极其剧烈的太阳活动，是发生在太阳大气层中的一种能量释放。小耀斑可持续几分钟或十几分钟，大耀斑可持续几十分钟至一两个小时。耀斑发生时，能在一瞬间发射出强X射线和高能粒子流。高能粒子流对

　　▼太阳对恐龙既有抚育之功，又有危害之过。

生物的遗传基因破坏很大，能使生物大量死亡。于是，有位苏联学者提出，6500万年前太阳可能发生过一次超级大耀斑，给地球上的生命带来了巨大的灾难，恐龙等大量古生物被高能粒子流杀死。

美国著名科普作家阿西莫夫也觉得，太阳"作案"的可能性非常大，但他根据太阳物质中铱元素的含量要比地壳丰富的情况，得出了另一种结果。在6500万年前，太阳可能发生过一次轻微的爆炸。爆炸时，一些碎渣从太阳上飞溅出来，飘入太空，其中有些落到了地球上，造成地球沉积物中铱元素含量明显增高。他还指出，太阳物质是无声无息地落到地球上的，不像小行星或彗星撞击地球那样惊天动地。这次轻微爆炸，使太阳射出的热量倍增，因而地球表面的温度也跟着大大上升，虽然时间并不长，但是却给地球上的生物带来一场浩劫。这也就是白垩纪末期，在一个相对短暂的时期内，恐龙及所有巨大的爬行动物、菊石等全部死去的原因。

在恐龙灭绝的问题上，太阳可能负有"罪责"，也可能是无辜的，关键是我们必须找到足够的证据。

恐龙大揭秘
Dinosaur

太阳耀斑对地球的影响

耀斑爆发时，高能粒子流会破坏宇宙飞行器。耀斑辐射来到地球附近，破坏电离层，无线电通信以及电视台、电台广播会受到干扰甚至中断。

▲ 恐龙是否死于太阳耀斑呢？

53

恐龙食物中毒之谜

白垩纪出现了哪些新植物？
恐龙是死于食物中毒吗？

从三叠纪晚期到白垩纪早期，草食性恐龙主要吃蕨类、苏铁类、银杏类和松柏类等植物。到了侏罗纪之末白垩纪之初，出现了种子包在果皮之内的被子植物。到了白垩纪晚期，被子植物已达70多个科。

一些古生物学家由此联系到恐龙的死因，提出了恐龙死于食物中毒的观点。白垩纪晚期之前的植物虽然有些含有毒性，但毒性很小，对大型草食性恐龙影响不大。而被子植物中含有多种有剧毒的生物碱，草食性恐龙吃了以后会中毒身亡。

草食性恐龙

肉食性恐龙失去了捕食对象，也必然死亡。还有一些学者分析了恐龙骨骼中的微量元素，发现其中砷和某些稀土元素的含量特别高，尤其砷的含量比正常有机体中的平均含量高出很多倍。所以他们认为，食物中的砷中毒是导致恐龙暴死的主要原因。可这种说法也有漏洞，它无法解释为什么其他草食性动物却能存活下来。所以，以上理论还不能被肯定。

恐龙世界的**优胜劣汰**

恐龙是"超生"大户吗？
恐龙到底生育得过多还是过少？

达尔文曾经提出过以生存竞争、适者生存为精髓的进化论。他认为，生物灭绝的机制与生命产生的机制均受同样的因素制约。在这个由无数的生物个体组成的大千世界里，自然界进行着选择，只有那些具备某种特殊机能，并且能适应生存环境的物种，才能够幸存下来并不断繁衍，而那些不适应者只能从此在种群中消失。

一些古生物学家猜测，恐龙的寿命不算短，它们的一生能生很多宝宝，而且恐龙的世界里没有"计划生育"的说法，所以恐龙家族的成员越来越多。与此相反的是，可以作为食物的植物却越来越少。在这种生活环境下，最后存活下来的恐龙越来越少，直至完全灭亡。不过，也有些古生物学家认为，恐龙由于生存压力变大，所以开始用少生育的方法来减轻压力，结果生得越来越少，最终导致灭亡。两派观点截然相反，所以让这个问题成了一个解不开的谜。

▶ 有专家推测，恐龙因产卵越来越少而导致灭亡。

55

恐龙灭亡与"天外来客

是小行星撞击地球导致了恐龙灭亡吗？
与恐龙同时代的动物为什么有的活了下来？

　　对于恐龙的灭亡，很多人的看法是：6500万年前，一颗直径10千米的小行星撞击了位于今天墨西哥尤卡坦半岛的奇卡卢伯地区（有陨石坑为证），爆炸的威力相当于1亿兆吨黄色炸药，由此产生了全球大灾难，导致恐龙灭亡。

　　后来，美国科罗拉多大学的一些地理学家为这一图景又加上了绘声绘色、令人恐怖的细节：在小行星撞击地球后，撞击产生的喷射物落向地面，导致的"热量脉冲"波及全球，到处燃起熊熊大火。喷射物所携带的热能则分布到了大气层的上层，把蓝天都烤红了，这种状况持续了好几个小时。此后10多年，整个地球都像烤箱一样酷热难耐，使当时生

◆ 小行星撞击地球，恐龙们无处逃生。

活在陆地上的恐龙及其他生物无处可逃，只有那些当时生活在洞中和水下的生物幸免于难。

地理学家说，地质遗迹可以为此提供有力的证据。他们曾在全球范围内找到了一种微小的球形岩石颗粒，它们均来自白垩纪和第三纪之交。这些球形岩石颗粒是小行星撞击地球后，岩石被加热升华喷射到外空，重返地面形成的。另外，人们还发现了一种几乎遍及全球的特殊的黏土层，里面包含那次撞击后全球大火的遗留物——烟灰以及来自外太空的铱元素。

但许多科学家都感到很奇怪，既然那次全球性大灾难杀死了所有的恐龙，那么原始鸟类、哺乳动物以及两栖动物是如何继续存活下来的呢？地理学家们对白垩纪晚期陆地脊椎动物的生存方式提出了新的假说。他们认为，可以栖身于洞中或水下的脊椎动物，从哺乳动物、鸟类、鳄鱼、蛇、蜥蜴、龟到两栖动物都成了幸存者。与此相反，翼龙和恐龙等因无法适应洞中或水下的生活而灭亡。假说是否成立，还需要大量的证据来证明，我们将拭目以待。

恐龙大揭秘
Dinosaur

行星和小行星

行星是自身不发光的、环绕着恒星运转的天体。一般来说，行星的质量要足够大，形状大约是圆球状，而质量不够大的则被称为小行星。

恐龙与超新星爆发

白垩纪末期是否有一颗超新星爆发？
超新星的爆发与恐龙家族的灭亡有关吗？

到底是谁在白垩纪末期杀死了恐龙？人们自发现恐龙的那一天起，就没有停止过对这个问题的争论。1957年，苏联科学家克拉索夫斯基点了"超新星"的大名。

克拉索夫斯基认为，6500万年前银河系一颗超新星爆发，它发出的高能宇宙射线破坏了地球的臭氧层，从而使地球生物受到紫外线和放射性物质的严重伤害，导致生物大量死亡，恐龙也全军覆没了。

天文学家告诉我们，超新星爆发是目前已知所有天体爆发中最剧烈的一种，而且它并非一种罕见的天象。其他星系不说，仅在我们所在的银河系内，每200年中就有3次超新星爆发。超新星

恐龙大揭秘 Dinosaur

什么是超新星

一颗恒星步入老年，中心会向内收缩而外壳则朝外膨胀，形成一颗红巨星。红巨星极易爆发，短时间内亮度可能增加几十万倍，形成"新星"。如果红巨星的爆发再猛烈些，亮度增加1000万倍，就叫作"超新星"。

爆发的激烈程度让人难以置信。据说它在几天内倾泻的能量就和一颗青年恒星在几亿年里产生的辐射量一样多，而且超新星的爆发可能会引发附近星云中无数颗恒星的诞生。另一方面，新星和超新星爆发的灰烬，也是形成别的天体的重要材料。比如说，今天我们地球上的许多物质元素就来自它们。

超新星爆发时把大量物质抛向宇宙，并产生强烈的宇宙辐射，给地球上的生物带来直接的危害。它能破坏生物体中的生殖分子和骨骼，导致生物大量死亡。同时，地球上的气候也会受到辐射的影响，使旱、涝、疾病等各种灾害频繁发生，给生物的生存和发育带来灾难。专家们认为，超新星爆发使恐龙也不能幸免于难，被射线照射后，恐龙死的死、伤的伤，或者基因突变，产生一些奇形怪状的变异后代。这样的变异个体适应环境的能力大都不强，生命力较弱，最后导致了恐龙的灭绝。

那么，超新星真是杀害恐龙的元凶吗？目前这只是根据大量生物突然死亡现象作出的一种推断，还没有定论。

超新星的爆发会给地球带来巨大影响，恐龙们即使逃跑也无济于事。

59

恐龙是否还有幸存者

现今还有幸存的恐龙吗？

恐龙活到现在需要哪些条件？

地球上的古生物，目前仍有一些幸存者。例如：水杉是一种孑遗植物，而大熊猫作为一种孑遗动物，现今十分珍贵。那么恐龙有孑遗的可能吗？一些古生物学家说，尽管地球上至今没有发现过活的恐龙，但不能下结论说恐龙不可能存活到现在！

中生代时的动物至今仍有子孙后代，它们的形态没有什么太大变化，数量也不多。鳄类、龟鳖类、蜥蜴类、蛇类自不必说，就连人们认为早在恐龙灭绝前就已经绝种的腔棘鱼，也于20世纪被发现。于是，很多人相信，今天地球上可能还有活恐龙藏匿在什么地方。那么，它们能藏在哪儿呢？

动物的生存离不开环境，环境不变，动物就不会有太

◇ 现在还有存活的恐龙吗？

大的变化；环境变了，动物为适应新环境就得变化。新生代地球的环境总体上与中生代有了很大不同，但热带地区和亚热带地区变化却不是很大。科学家认为，假如恐龙还活着的话，它们是可以在这些地方生存的。只是目前这些地区范围不大，食物有限，不可能养活很多恐龙。

另外还有一个重要条件，那就是恐龙的藏匿地必须远离人烟或与世隔绝，否则人类会干扰恐龙的生活，恐龙也就不可能有幸存的希望。当然，那里也不应当有食肉的哺乳类猛兽和其他竞争对手存在，否则它们也断无残存的可能。恐龙数量不能太多，否则对于食物的竞争过于激烈，但是数量又不能太少，否则将无法进行正常的繁殖。

恐怕在没有发现真正的活恐龙之前，恐龙是否还有幸存者对我们来说将一直是个谜。

作为一种孑遗动物，大熊猫十分珍贵。

恐龙如果突然跳出来，会不会吓你一跳？

恐龙大揭秘
Dinosaur

珍稀的孑遗植物——水杉

水杉是世界上珍稀的孑遗植物。中生代白垩纪时水杉开始出现，约在250万年前几乎全部绝迹。人们在欧洲、北美和东亚均发现过水杉化石。1948年，在中国发现了幸存的水杉树，此后又在别处发现了若干水杉树。

61

恐龙还能**复活**吗

怎样才能让一种生物复活？
DNA复制能使恐龙复活吗？

6500万年前，恐龙家族全部灭亡，致使人类没有机会看到这些中生代的霸主们，这不能不说是一种遗憾。现在，让已经灭绝的恐龙复活，可以说是很多人的愿望。

20世纪50年代，DNA双螺旋结构被发现，揭开了生命科学的新篇章。随后，DNA复制、遗传密码、遗传信息传递的中心法则、作为遗传基本单位的基因以及基因表达的调控相继被认识。至此，人们已经完全认识到，掌握所有生物命运的就是DNA和它们组成的基因。DNA重组就是采用人工手段将不同来源的含某种特定基因的DNA片段进行重组，以达到改变生物基因类型和获得特定基因产物的目的。

20世纪80年代中期，美国古生物学家波纳尔提出了一个再现史前恐龙的奇妙主意。他认为，只要能修补那些被氧化、水解或其他原因弄断

恐龙大揭秘
Dinosaur

什么是克隆

克隆就是一种人工诱导的无性繁殖方式。基本过程是先将供体细胞核移植到去除了细胞核的卵细胞中，使两者融合，然后促使这一新细胞发育成胚胎，再植入子宫中，最后产下与供体基因相同的动物。

了的恐龙DNA螺旋结构，也许就能复活恐龙，具体做法是先找到恐龙的DNA分子，然后把它们移植到雌性鳄鱼的受精卵细胞中，从而克隆出既有恐龙又有鳄鱼的基因，经多次重复，使恐龙的基因接近100%，最终使恐龙从鳄鱼的卵中孵化出来。可是到哪里去找恐龙的DNA分子呢？波纳尔设想，可以到中生代的琥珀中去找。

▲ 有人想通过寻找恐龙的DNA分子来复活恐龙。

琥珀是由当时的树脂形成的，里面常含有陷入其中的昆虫。假若能找到黑蝇或小叮蚊就更好了，因为说不定它们当年曾叮过某种恐龙，吸了一点恐龙的血。这样就能从恐龙的血细胞中把DNA分离出来，用以复活恐龙。虽然不少人都拥有恐龙时代的琥珀，可是要从里面找到恐龙的DNA却如大海捞针。就算DNA到手了，移植也是一个很难跨越的技术障碍。

恐龙能复活吗？至今没有人有足够的把握。

▼ DNA双螺旋结构

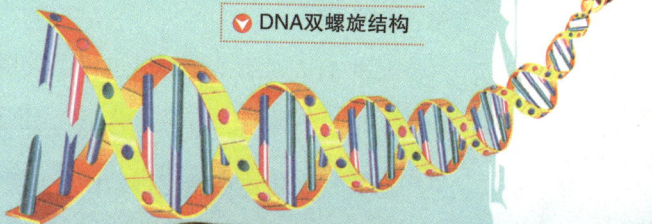

刚果泰莱湖的"恐龙"

泰莱湖的"恐龙"是什么样子的？
传闻中的主角是雷龙吗？

很多人不愿意相信，那么多的恐龙一下子就全部消亡了。传说在刚果的泰莱湖就生活着一种"恐龙"。

⬆ 泰莱湖里的怪兽会是一只雷龙吗？

在刚果的泰莱湖地区，方圆上百千米尽是泥泞的沼泽，人类无法居住。据附近的人描述，湖里生活着一种怪兽，它有4头大象那么大，长尾巴，长着蛇一样的头，背部非常宽阔，在湖边游动时，周身闪现出一道淡红色的光环，犹如彩虹当空。一些人认为，泰莱湖的怪兽有可能是一只雷龙。

但是很多人认为这只是当地的传说，并不十分可靠，而且要想证明隐匿动物的存在，没有一块实实在在的骨头或皮肤，一切传说和照片都毫无意义。

后来有人对泰莱湖地区进行了大规模考察。据说他们拍下了怪兽的照片，但这些照片一直没有公布。因刚果地区政局动荡，战乱频繁，致使追踪怪兽的工作被迫终止。因此，怪兽究竟是不是残存的活恐龙，这仍是一个不解之谜。

🔻 当地人描述的"恐龙"可能是这样的。

第二章

离奇的蜥臀目恐龙

　　蜥臀目恐龙从三叠纪晚期一直生活到白垩纪，其中既包括了草食性的蜥脚类，又包括了肉食性的兽脚类。腔骨龙为什么会集体死亡？美颌龙和始祖鸟之间是什么关系？到底谁才是异特龙的亲戚？偷蛋龙真的偷蛋吗？暴龙会是弱者吗？雷龙换头事件是怎样发生的？萨尔塔龙为什么要迁徙到南美洲？……这些关于恐龙的谜题都将在本章里一一展现在你的眼前。

幽灵牧场里的腔骨龙

幽灵牧场在什么地方?
为什么幽灵牧场会有如此多的腔骨龙化石?

听到"幽灵牧场"这个名字,你是不是觉得很恐怖?幽灵牧场位于新西兰,是1947年由美国著名的古生物学家埃德温·科尔伯特发现的。当时他和他的同事们在这里发现了大量腔骨龙化石,还有很多鱼类、蛤以及一些爬行动物的化石,几乎震惊了整个古生物研究界。

🔺 腔骨龙骨骼化石

由于在幽灵牧场发现的腔骨龙化石数量非常多,古生物学家只好把大块大块的岩石切割下来带回去研究。研究发现,有数百具扭曲的腔骨龙化石互相交错着,其中有雄性的,也有雌性的,有幼年的,也有成年的。令人们疑惑的是:为什么各种年龄段、各种性别的恐

🔻 腔骨龙

恐龙大揭秘
Dinosaur

腔骨龙特别的骨头

腔骨龙的骨头很特别,有些部分是中空的,而且外壁薄得像纸一样。因为腔骨龙的骨头具有这种特点,所以它们的体重很轻。也正因如此,与那些体重较重的爬行动物比起来,腔骨龙的奔跑速度要快很多,很容易抓到猎物。

龙会一起死在幽灵牧
场呢?

有些古生物学家认
为腔骨龙是一种群体生活的
动物,很像今天的野狼。一
旦发现中型的哺乳动物或是
草食性恐龙,它们会集体出击,

▲ 腔骨龙的骨架复原图

共同捕食,生活比较闲适。但不幸的是,它
们遭遇了一次突发性灾难——洪水,从而整群都死于非命。还有
些古生物学家认为,这群腔骨龙遇到了一场大沙暴,最后变成
了化石。究竟哪种说法更准确呢?现在还不得而知。

令古生物学家更加疑惑的是,他们在挖掘一具腔骨
龙化石时,发现它的体内还有别的动物的骨头。研究后
才知道,那竟然也是一具腔骨龙的骨骼。于是,有
些古生物学家推测,腔骨龙不是生蛋孵化小
恐龙,而是直接把活体产下来。还有些古
生物学家认为腔骨龙体内的那些骨头非常凌
乱,更像是一只成年腔骨龙的骨头,所以他
们认为,这应该是腔骨龙之间的自相残杀。
当没有食物或食物短缺的时候,那些弱小的
腔骨龙就会成为自己同类的食物。真实情况
到底如何,恐怕这将永远是一个谜了。

▶ 腔骨龙有可能自相残杀吗?

67

神秘莫测的斑龙

斑龙跑得快吗？
斑龙的前爪和后脚有什么特点？

△ 斑龙的下颌骨化石

19世纪时，人们曾在英国剑桥附近的一个采石场中发现了许多恐龙足迹化石，后来推测是由生活在侏罗纪中期的斑龙遗留下来的。

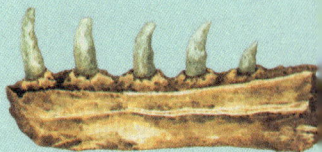

古生物学家们认为，斑龙是一种残暴的肉食性恐龙。它们站立起来时身高达3米，有现在的一层楼那么高。它们的头很大，长度近1米，还有着厚实的颈部、短小的前肢及健壮的后肢。斑龙的上下颌强而有力，上面长着巨大的弯曲状牙齿，牙齿顶端还有锯齿，像切牛排的餐刀一样，可以切割猎物。

古生物学家对斑龙的足迹化石进行了大量研究，认为斑龙长着尖

利的爪。具备了这样的武器，斑龙似乎能够随时攻击中大型的草食性恐龙。但是到目前为止，人们还没有发现完整的斑龙骨架，已经发现的斑龙遗骸损毁得非常厉害，里面可能还混杂着其他兽脚类恐龙的碎片，因此很多细节只是古生物学家的猜测。

⬆ 斑龙看起来很凶猛。

后来，古生物学家辨认出一只斑龙连续走路的一组足迹化石，发现它步态略显摇摆，并由此猜测它跑起来不会很稳，速度可能不会很快。但后来人们又发现了一只斑龙顺畅、高速奔跑的足印，好像它正在追逐猎物一样。于是有些古生物学家推断，斑龙不是行动迟缓、趔趔摇摆的动物，它们奔跑时最快速度甚至可达将近30千米/小时，应该是一种行动敏捷的恐龙。

希望将来会有更多的斑龙化石出土，让我们有机会将它们身上的谜团解开。

◀ 斑龙有着强而有力的上下颌和尖利的爪。

恐龙大揭秘
Dinosaur

最早被命名的恐龙——斑龙

1824年，英国地质学家巴克兰发表了世界上第一篇有关恐龙的科学报告，报道了一块在采石场采集到的恐龙下颌骨化石。巴克兰给它取名为斑龙。"斑龙"的拉丁文原意是"采石场的大蜥蜴"，于是斑龙就成了最早有名字的恐龙。

难以捉摸的角鼻龙

角鼻龙的角有什么用途？
角鼻龙是怎样捕食的？

▲ 角鼻龙

在侏罗纪晚期，有一种个子中等、生性凶残的肉食性恐龙。它们的鼻子上方生有一只短角，两眼前方也有类似短角的突起，所以被称为角鼻龙。

提到角鼻龙的角，现在还没有证据指出它的用途，因为这只角十分短小，不像一些角龙的角，可以很清楚地知道是用作防卫或战斗。有人推测角鼻龙的角只是装饰，或者雄性角鼻龙之间用这个角来进行比较：谁的角大一些，谁就当大王。

角鼻龙不仅外貌奇特，而且由于资料有限，它们的捕食习惯也让古生物学家们难以捉摸。

有人推测角鼻龙是群体猎食的动物，因为它们在体形上并没有优势，所以很可能会成群结队地进行猎食。这样可以帮助它们在竞争激烈的恐龙世界中生存。不过，这些都只是猜测，还有待科学家们进一步研究。

与鸟相像的 **美颌龙**

美颌龙和鸟相像吗？
美颌龙和始祖鸟之间有什么关系吗？

　　美颌龙是一种十分小巧的肉食性恐龙，站起来仅有1米高。美颌龙之所以会叫这个名字，是因为它们有一个非常秀气精致的颌部。其实，美颌龙的整个头骨都非常漂亮：头骨长而低平，大半是由细细的骨质支架构成的，支架之间还有宽宽的骨缝。而且，它们的头骨上最大的开孔是眼眶，这说明美颌龙的眼睛比较大，视力很好。与眼眶离得较远的两个椭圆形的小孔则是鼻孔。这些小孔下方是修长的上颌，而下颌却显得很薄。

▲ 美颌龙

　　美颌龙从外形上来看，特别像鸟类。例如：体形纤细，头部尖细，脖子灵活，能够随意弯曲，后肢强壮有力等。十分巧合的是，几乎与美颌龙同时，鸟类的祖先——始祖鸟出现了。因为它们太相像了，所以最初发现始祖鸟骨骼化石时，人们将它误认作美颌龙的骨骼化石。此后古生物界又发生多起将两种动物的化石混淆的事件。这不禁让人怀疑，始祖鸟和美颌龙是否存在着某种关系。可是由于证据不足，一直没有结论。

▽ 始祖鸟

谁才是异特龙的亲戚

暴龙是异特龙的亲戚吗？
气龙与异特龙有血缘关系吗？

在侏罗纪的大地上，有一种可怕的怪兽横行无忌。它们集各种猛兽的特性于一身，在当时的世界里，也许只有最大的蜥脚类恐龙才能与之抗衡。这种恐怖的怪兽就是著名的侏罗纪杀手——异特龙。

△ 巨大的异特龙头骨化石

看一种肉食性恐龙攻击力强不强，最主要是看它们的嘴巴有多大。异特龙的嘴巴有1米多长，估计现在的一只兔子只够给它们塞牙缝的。以体形而言，异特龙虽然比暴龙略小，但是和暴龙相比，异特龙具有更粗大、更适于猎杀草食性恐龙的强壮前肢。因此，有部分科学家认为异特龙是地球上有史以来最强大的猎食动物。

在古生物学研究早期，一些古生物学家发现异特龙和后来的暴龙身形

▷ 暴龙

◀ 捕食的异特龙

十分相近，于是推测暴龙是由异特龙进化而来的。不过后来，古生物学家发掘了越来越多的暴龙和异特龙的骨骼化石，发现它们之间有很多不同的地方。于是推测，也许它们和暴龙之间的血缘关系并不接近。

后来，古生物学家研究了气龙。气龙生活在侏罗纪中期，大约有3.5米长、2米高。别看它们体形不大，但和异特龙有很多相似的地方，如：牙齿侧扁，前后边缘上都有小锯齿。前肢上有强劲的爪子，可用来抓住小动物或是撕破大型动物坚韧的外皮。

但到目前为止，人们只发现了一具缺失头骨的气龙骨架，还不足以证明气龙和异特龙存在着血缘关系。

到底哪种恐龙才是异特龙的亲戚呢？让我们在恐龙世界中继续探索。

▶ 气龙

恐龙大揭秘
Dinosaur

异特龙的化石记录

最早的异特龙化石是古生物学家于1877年在美国的科罗拉多州发现的。后来，美国又出土了多具异特龙化石。此外，古生物学家在非洲东部和澳大利亚等地也发现了它们的化石。

73

被误解的嗜鸟龙

嗜鸟龙反应很迟钝吗？
嗜鸟龙真的喜欢吃鸟吗？

🔺 嗜鸟龙的头骨

嗜鸟龙是白垩纪早期的一种小型恐龙，跟现在的矮脚马差不多大小。它们虽然个头小，却是凶猛的肉食性恐龙。

以前的古生物学家根据嗜鸟龙小小的头部推测，它们应该是一种反应迟钝的恐龙，而且尾巴也像有些蜥脚类恐龙那样，经常拖在地上。后来，古生物学家经过深入研究，对之前的推测给予了否定，猜测嗜鸟龙是一个精明强悍的掠食者。因为后肢强健有力，所以当嗜鸟龙在追赶猎物时速度很快，而且能用长长的尾巴平衡自己的身体。它们的前肢也不短，许多躲在岩缝中的蜥蜴、草丛中的小型哺乳类以及小恐龙，都逃不过它们的魔掌。

当我们抓握东西时，拇指会向内弯曲。嗜鸟龙前爪的第三根指头就

🔻 嗜鸟龙很可能并不是迟钝的动物，而是精明强悍的掠食者。

像人类的拇指那样，可以向内弯曲，以便它们抓握住扭动挣扎着的猎物，而其他两根指头特别长，很适合抓紧猎物。

嗜鸟龙的化石刚出土时，古生物学家认为它们完全有能力捕捉到早期鸟类，而且它们又和始祖鸟生活在同一个时代，所以始祖鸟应该是它们最爱吃的食物，于是便给它们取了这样一个名字。但是目前一些古生物学家却正在努力地反驳这个观点。从嗜鸟龙和始祖鸟化石出土的位置来看，还不能证明它们生活在同一个地区，而且也没有足够的证据来证明嗜鸟龙真的捕捉过始祖鸟，嗜鸟龙吃鸟只是古生物学家的一种猜测而已。可惜的是，到目前为止，人们只发现了一具较为完整的嗜鸟龙骨架化石，还无法确定吃鸟是不是它们的本性。

但是可以肯定的是，不管嗜鸟龙是否吃鸟，它们的名字一旦确定，根据《国际动物命名法规》，就永远也不能改变了。

▲ 嗜鸟龙

恐龙大揭秘
Dinosaur

《国际动物命名法规》

《国际动物命名法规》的最初版本是1958年7月第十五届国际动物学会议通过的，是一套规范动物学名命名的国际性学术规定。优先律是动物命名法的基本原则。

"四不像"镰刀龙

镰刀龙长得像兽脚类恐龙吗?
镰刀龙的骨盆像鸟臀目恐龙吗?

🔺 镰刀龙的前肢指骨骼

现在有一种俗称"四不像"的动物叫麋鹿,但是你知道吗,在神秘的恐龙世界里,也有这样一种"四不像",它们就是镰刀龙。

镰刀龙虽然属于兽脚类恐龙,可它们却与一般的兽脚类恐龙长得不太一样。它们的头部比较小,双颌较为狭长,嘴巴里没有牙齿,脖子又长又直,肚子和屁股都比较大——这和暴龙那样典型的兽脚类恐龙相差甚远。而且它们这样的体形也不太方便捕猎,因为它们奔跑的速度不会很快,动作也不会太灵活。它们像镰刀一样的爪子实在太长了,用来捕猎反倒有些不方便。

镰刀龙不仅外表奇特,连骨盆结构也极为特殊。它既不同于鸟臀目恐龙耻骨、坐骨向后延伸的特征,也不同于蜥臀目恐龙耻骨、坐骨向两个方向延伸的特征,而是这两块骨头似合非合地向下生长,属于一种过渡类型。镰刀龙为什么会有这么多特别之处,古生物学家至今仍感到十分疑惑。

🔻 镰刀龙

重获一趾的镰刀龙

镰刀龙的前肢和后肢分别是怎样的？
镰刀龙为什么又"找回"了一个脚趾？

1999年，在中国著名的恐龙发现地——内蒙古二连浩特，科学家们发现了一些奇特的恐龙化石碎片，并初步认定它们为一只镰刀龙所有。最后，古生物学家们复原了镰刀龙的骨架，他们惊奇地发现：这只镰刀龙的前肢上有三根指头，而后肢上却有四根脚趾！这意味着什么呢？

一般情况下，原始的恐龙有四根脚趾。它们慢慢演化后，缺失了一根脚趾，变成了典型的兽脚类恐龙。但是人们发现，已经进化的镰刀龙又变回了原来的四根脚趾，也就是说，镰刀龙在进化中重新"找回"了一根脚趾。

镰刀龙的发现为古生物学家们提供了一个很好的窗口，透过这个窗口，人们真实地看到了恐龙的进化与分异。不过可惜的是，古生物学家至今也没有给出镰刀龙为何会重新"找回"一根脚趾的答案。

◀ 镰刀龙的骨架复原图

探秘食肉牛龙的角

食肉牛龙的角能用作武器吗？
角是食肉牛龙成熟的标志吗？

有人把食肉牛龙形象地称为"吃肉的公牛"，这种说法十分恰当。食肉牛龙是大型肉食性恐龙中的成员，身体大概有7米长，几乎和一头大象一样高，重约1吨。两条长而强壮的后肢使它们看起来比其他一些大型肉食性恐龙灵敏得多。可是和身体比起来，它们的前肢就小得可怜了。此外，食肉牛龙还长着巨大而有力的头，深厚的口鼻部显示它们可能具有大鼻子和敏锐的嗅觉，上下颌长满了像剔肉刀一样锋利的牙齿。当它们迅速扑向猎物时，往往会出其不意将它们抓获。

有些食肉牛龙全身上下最明显的特征就是它们头上的那对骨质尖

有些食肉牛龙很特别，如：奥卡龙的头部就长有非角状的肿块。

食肉牛龙的骨架复原图

角，这对形状像翼一样的尖角长在眼睛的上方，古生物学家们对于它的用途一直争论不休。有人认为，这对尖角可以作为武器。当食肉牛龙在进攻或抵御敌人时，低下头用它使劲撞向对手，直至对手被顶翻在地。接着食肉牛龙跟上去，张开血盆大口饱餐一顿。还有些人认为，这对尖角是雄性食肉牛龙身份和地位的象征。在一个群体中，谁的尖角越大，谁的地位就越高。尖角最大的自然居于领导地位，由此可以获得更多的领地和交配权。可是也有人提出异议，他们认为食肉牛龙的角看起来不够大，也不够硬，作为武器或者代表身份恐怕不大可能。另外还有一些人猜想，这对尖角长到一定程度时，标志着食肉牛龙已经成年，具有了生育能力。异性看到了，就可以与其共同繁殖下一代。这种说法得到了很多人的赞同，但是却没有证据来证明。

食肉牛龙尖角的谜团仍然未能解开。但是人们相信，随着越来越多的化石出土，谜底终究会揭晓。

食肉牛龙头上的一对尖角让人费解。

恐龙揭秘
Dinosaur

食肉牛龙的皮肤

食肉牛龙的身上覆盖着数以千计、互不重叠的鳞片，这些鳞片看起来就像一个个小圆盘，大小、形状十分相似。此外，食肉牛龙背部两侧还有更大的半圆锥形的鳞片。

似鸵龙与鸵鸟的关系

似鸵龙与鸵鸟长得像吗?
鸵鸟是由似鸵龙演化来的吗?

　　顾名思义,似鸵龙就是像鸵鸟的恐龙。它们生活在白垩纪时期,身长2~4米,头较长,结构轻巧,牙齿已经退化,取而代之的是角质的喙。它们颈部细长,灵活自如。一对长而苗条的后肢,小腿长于大腿,三个脚趾着地,说明似鸵龙行动敏捷,擅长奔跑。这些特征都与现代鸟类中的鸵鸟相似。

　　既然似鸵龙与鸵鸟如此相像,那么两者之间只是一种进化上的趋同现象,还是有什么血缘关系呢?科学研究证明,包括鸵鸟在内的

🔻 鸵鸟

🔻 似鸵龙与鸭嘴龙生活在同一个时期。

所有大型不飞鸟均来自同一个祖先。人们不禁会问：那会是似鸵龙吗？

鸵鸟属于平胸的不飞鸟。不飞鸟包括现存的和已灭绝的，有很多种类。古生物学家们曾发现了5000万年前的不飞鸟的化石，它们可能是现存的不飞鸟的祖先。它们都长得十分高大，身高可达3～4米。它们下肢发达，非常强健，适于在陆地上奔跑，而翅膀却小得可怜。于是一些古生物学家认为，鸵鸟有可能直接从史前的不飞鸟演化而来，却不是似鸵龙。

20世纪80年代，加拿大古生物学家麦高恩在研究了鸟类踝关节的发育特点后指出，鸵鸟和它们的平胸鸟类是近亲，比那些会飞的、胸骨突起的鸟类更原始。它们的踝关节比飞鸟落后，没有飞行的经历，所以很可能直接从某种兽脚类恐龙进化而来。而与鸵鸟最相似的似鸵龙很有可能就是鸵鸟的祖先。20世纪90年代，日本科学家、医学博士福田对似鸵龙和恐怖鸟的骨骼结构进行了比较解剖学的研究，结果也认为鸵鸟和恐怖鸟是由中生代的似鸵龙进化来的。

两种说法都有依据，却都不够充分。似鸵龙到底是不是鸵鸟的祖先，目前还是一个未解之谜。

似鸵龙与现在的鸵鸟很像。

恐龙揭秘
Dinosaur

似鸵龙的御敌方式

似鸵龙随时保持很高的警惕性，注意各个方向是否有肉食性恐龙的出现。如有小型的肉食性恐龙来袭，似鸵龙就会用强健的后肢用力踢对方；如果来的是大型肉食性恐龙，它们就飞快地跑开。

为偷蛋龙平反

偷蛋龙真的偷蛋吗?
偷蛋龙可能得到平反吗?

爱角偷蛋龙和蒙古偷蛋龙的头

　　1923年,在蒙古大戈壁上,古生物学家在一窝原角龙蛋旁边发现了一具恐龙的化石骨架。当时这只恐龙的头骨已经破碎。

　　科学家们推测,它可能是因为偷窃原角龙的蛋而被杀死的。可以想象,在距今8000万年前,这只2米长的恐龙,正在偷偷地靠近一窝原角龙的蛋。因为它有着和鸟喙相似的嘴,没有牙齿,于是先把蛋含在嘴里,再利用外力把蛋敲破,然后吸食里面的汁液。就在这时,灾难降临了,原角龙返回自己的窝,发现一只恐龙正在偷窃自己的蛋。愤怒之下,原角龙上前一脚踩碎了窃贼的脑壳。于是科学家给这个窃贼起了一个很不好听的名字——偷蛋龙。

　　后来,中国著名古生物学家董枝明教授仔细观察了偷蛋龙和它们

有人认为,偷蛋龙以植物为食。

恐龙大揭秘
Dinosaur

两种不同的偷蛋龙

　　白垩纪末期的蒙古地区,生活着爱角偷蛋龙和蒙古偷蛋龙两种不同的偷蛋龙。爱角偷蛋龙头冠小,生活在半沙漠化地区;蒙古偷蛋龙头冠大一些,生活的地区也湿润一些。

的蛋化石，提出了一个大胆的假说，那就是偷蛋龙不仅不会去偷其他恐龙的蛋，还可能自己孵蛋。这种观点得到了一些人的赞同。他们认为偷蛋龙并不靠偷窃其他恐龙的蛋为生，而是吃些蛤蜊、浆果之类的食物。它们的嘴巴能轻而易举地打开软体动物外面的硬壳，吸食里面的肉。还有些人甚至想象：成年的雌偷蛋龙会用前肢把泥土堆一个圆锥形的巢穴，再把卵产在里面，然后用一些植物的叶子或树枝盖在巢穴上，这些东西在腐烂的过程中就会产生孵化所需的热量，过不了多久，小偷蛋龙就会自己破壳而出。

时间已经过去了数千万年，真实情形究竟如何呢？偷蛋龙真的偷蛋吗？偷蛋龙能否沉冤得雪？这些恐怕已经成了解不开的谜！

暴龙是"弱者"吗

暴龙是掠食动物还是食腐动物？
暴龙的身上真有很多弱点吗？

　　暴龙活跃在白垩纪时期的今北美地区。它们身躯庞大结实，颈部短粗，后肢强健粗壮，但前肢却非常短小。头部长而窄，两颊肌肉发达，具有硕大的上下颌，张开大口，里面有长约15厘米的利齿。尾巴又长又粗，看起来是一个强而有力的攻防武器。

▲暴龙张开血盆大口，十分吓人。

　　有古生物学家认为，暴龙的耳朵虽然外观与其他恐龙很相似，但内部结构却有很大的区别，听到的音域更广，并能收集到特定方向的声音，也许还能听到其他恐龙难以听到的低频率声波。此外，暴龙的嗅觉也很敏锐，便于捕猎。还有，暴龙的双颌可以张得很开。此外，像其他掠食动物一样，它们的牙齿向后弯曲，牙尖朝着口部中央，这意味着猎物在它们的口中挣扎的时候，也只能向喉咙的方向逃跑。最重

要的是，暴龙的牙齿有很深的牙根，这样的牙齿结实而不易折断，可以轻松地咬穿骨头。总之，暴龙的听觉和嗅觉都很灵敏，双颌和牙齿都可以作为进攻的武器，猎食草食性恐龙是轻而易举的事。

▲暴龙的头骨

但是，有人提出了这样一种观点，那就是暴龙是吃腐肉的恐龙，因为暴龙身上存在着很多"弱点"。暴龙的生理结构似乎表明，它们不能快速奔跑，这样就无法追捕猎物。它们的前肢没有多大力气，也无法帮助它们进行狩猎活动。他们还提出，积极掠食者的视觉系统应该是最发达的，可是暴龙并非如此，相反，它们的嗅觉很发达，而嗅觉发达毫无疑问是食腐动物的一大特点。还有，暴龙身躯庞大，有利于赶走那些蜂拥而来的狩猎动物。

究竟哪种说法才是对的呢？恐怕还需要更多的事实来证明。

恐龙大揭秘
Dinosaur

暴龙之王——"苏"

1990年，一具暴龙的骨骼在美国南达科他州出土，被命名为"苏（Sue）"。经检测，苏的体长为12.8米，高5.2米，推测其体重达7吨，比以往发现的暴龙都大，所以被誉为"暴龙之王"。

霸王龙的亲戚之争

惧龙和霸王龙血缘关系近吗？
特暴龙是霸王龙的亲戚吗？

▲ 特暴龙

1902年，美国国家历史博物馆的恐龙化石采集专家巴纳姆·布朗在美国蒙大拿州的黑尔溪发现了一具肉食性恐龙的骨骼化石。在这之后的两个夏天，他持续不断地从坚硬的砂岩中挖掘出了骨架。这是世界上第一具霸王龙的骨骸。此后，全世界又挖掘出了很多霸王龙的骨架。

随着研究的不断深入，古生物学家不禁提出疑问：恐龙之间一般都存在着千丝万缕的联系，比如祖先关系、血缘关系、亲戚关系，等等。那么，目前已经发现的恐龙中，谁是霸王龙的近亲呢？

▼ 霸王龙正在享受美食。

1970年，考古学家们在加拿大的艾伯塔省发现了3具很完整的惧龙化石。研究发现，惧龙高大强壮，身长9米，推测其体重达4吨，后腿强壮，头很大，下颌厚，牙齿像短剑，战斗力应该不亚于霸王龙！它们不仅形象与凶猛的霸王龙惊人地相似，而且连弱点也很雷同。惧龙的前肢软弱无力，每只前肢只有两根指头。于是一些人认为，惧龙是霸王龙的衣钵继承者。但是它们之间也有不同，霸王龙的眼睛上方有一块大骨突，这在早期的惧龙头上却表现得不明显。

还有人认为亚洲的特暴龙才是霸王龙的近亲。特暴龙是截至目前在亚洲发现的最庞大的肉食性恐龙，在白垩纪晚期数量众多。它们的长相与霸王龙很相像，只是略瘦一些。它们嗅觉灵敏，应该跟霸王龙一样，主要靠嗅觉追踪猎物的位置。特暴龙是十分强悍的肉食性恐龙，与它们同时代的恐龙都会惧它三分。但特暴龙的头骨比霸王龙要窄，下颌的咬合力也更强。

两种恐龙和霸王龙都很相似，但又都有不同之处。争论仍在继续，霸王龙的近亲究竟是谁，目前还没有定论。

◀ 霸王龙的骨骼

恐龙大揭秘
Dinosaur

早期的霸王龙——艾伯塔龙

艾伯塔龙化石是1884年由古生物学家梯雷尔在北美洲白垩纪晚期地层中发现的。它们是一种早期霸王龙类，比典型的霸王龙要早800万年。由于它们身材比较小，腿部又长，因此人们推测它是霸王龙类里跑得最快的。

板龙群体死亡之谜

板龙为什么会成群地死在一起？
板龙化石的大腿骨为何都完好无损？

古生物学家们在德国发现了一个具有2亿多年历史的板龙乱葬岗，无数板龙的骨骼化石堆叠在一起。如此多板龙一起死亡，许多古生物学家对此产生了巨大的兴趣。

板龙的胃很大，能同时消化很多食物。

板龙是最早的草食性恐龙的重要代表，科学家认为它们是蜥脚类的雷龙、腕龙、梁龙等的祖先。从外表看，板龙有着筒状的身躯，细长的颈部和有力的尾巴。它们除四足行走外，也可双腿直立，直立时高达3米，可以说是三叠纪时最大的恐龙了。

许多古生物学家根据板龙群集体出土的情况，推测板龙可能是结成小群体生活的。另外，他们还估计当时的生存条件十分恶劣，板龙也许会像今天非洲大草原上的野牛、羚羊一样，为食物而奔走迁徙。在迁徙

板龙走路时会把"大拇指"跷起来。

恐龙大揭秘
Dinosaur

板龙的亚洲兄弟——禄丰龙

板龙曾经生活在欧洲，不过，古生物学家在中国云南省的禄丰县也发现了它们的兄弟，这就是禄丰龙。禄丰龙的身体比板龙略小，但与板龙非常相似，如前肢较短小，不到后肢长度的1/2，后肢粗壮等。

途中，板龙群甚至要横穿沙漠。面对沙漠的极端气候，它们必须忍受酷暑和口渴。万一在中途迷路，常会发生集体死亡的惨剧。不过群体观念令板龙更加团结，共同面对危险，这才使它们能在三叠纪艰难的环境中生存下来。可是，这只是古生物学家根据骨骼化石做出的推测，还没有足够的证据来证明。

更奇特的是，许多板龙的化石虽不完整，却保存了完好无损的大腿骨，而且这些大腿骨几乎是直立在岩层中的。这种不寻常的姿势表明，这些板龙死的时候是站立的，而且这种站立的姿势在其死后还一直保持着。这是什么原因呢？一些古生物学家推测，让板龙保持站立不倒的原因可能是当时板龙正陷于淤泥中，动弹不得。这些淤泥在亿万年之后变成了泥岩，而大腿骨就成了直立的化石。事实真是这样吗？至今还不确定。

▲ 板龙一般四足行走。

▼ 单只板龙有时会受到腔骨龙群的袭击。

近蜥龙的脸颊之谜

近蜥龙有脸颊吗？
有脸颊对近蜥龙有什么好处？

近蜥龙后肢细长，
适于奔跑。

　　古生物学家发现近蜥龙的化石后，觉得它们长得很像现在的蜥蜴，就给它们取了近蜥龙这个名字。近蜥龙的整个身体都比较瘦，脖子长长的，身体和尾巴也是长长的，就连它们的鼻腔也是细长的。近蜥龙的前肢长度只有后肢长度的1/3，尽管如此，它们还是喜欢用四肢行走。在它们又长又窄的前肢掌上长着一根大拇指，大拇指上还长着一个大爪子，这个大爪子可能是它们挖掘植物的地下根茎的工具。

有脸颊的近蜥龙
应该是这样的。

　　除了细长的身体、行走的姿势和尖利的大爪子，近蜥龙最令古生物学家捉摸不透的就是：它们到底有没有脸颊。有的古生物学家认为近蜥龙没有脸颊，它们可以把嘴巴张得更开，大口大口地吃东西。这对于草食性恐龙来说无疑是有利的。另外一些古生物学家则认为近蜥龙有脸颊，因为这样可以把食物留在嘴巴里多咀嚼一会，更易于吸收。究竟哪种说法正确呢？恐怕还需要古生物学家发现更多的近蜥龙化石，为我们揭开这个谜团。

近蜥龙体形瘦长。

关于鲸龙头部的遐想

鲸龙的头部是什么样子的？
鲸龙的头部能自由转动吗？

△ 鲸龙骨架复原图

鲸龙是1814年由英国古生物学家理查德·欧文命名的，也是蜥脚类家族中最早有名字的成员。当时欧文认为，鲸龙应该像鲸一样生活在海里，但是后来的古生物学家经过研究证实，鲸龙是一种典型的陆栖动物，生活在中生代的海滨低地。

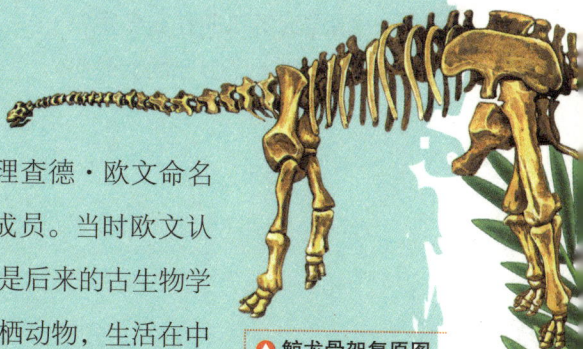

与之前的蜥脚类恐龙相比，鲸龙最大的特点就是背部非常平直，基本保持水平状态。至于鲸龙的头长成什么样，就不得而知了，因为古生物学家目前只找到了一些鲸龙牙齿的化石，还没有找到完整的头骨化石。他们根据与鲸龙生活在差不多同时期的草食性恐龙推测，鲸龙的头部较小，不太聪明。而且鲸龙的颈椎构造并不灵活，所以它们的头部只能在3米左右的范围内转动。事实是否如此呢？待人们找到完整的鲸龙头骨就能解开这个谜了。

◇ 鲸龙的脊骨

◇ 欧文曾经认为鲸龙生活在海里。

91

离奇的**雷龙换头**事件

雷龙究竟该叫什么名字？
雷龙换上了自己的头骨吗？

1879年，美国著名古生物学家马什的考察队在美国怀俄明州采到了两具无头骨的蜥脚类恐龙骨架化石，他为了抢先公布自己的发现，就匆忙地给这两具骨架起名为"雷龙"。之前两年，马什已将其中一具蜥脚类恐龙的骨骼命名为"迷惑龙"。后来马什发现，这两次命名的恐龙实际上是同一种恐龙。按照《国际动物命名法规》，后命名的"雷龙"这个名字是无效的，它们应该叫"迷惑龙"，不过我们还是比较习惯称之为"雷龙"。

雷龙是一种大型草食性恐龙，其身躯十分庞大。

◆ 雷龙化石挖掘现场

◆ 雷龙过着群居生活。

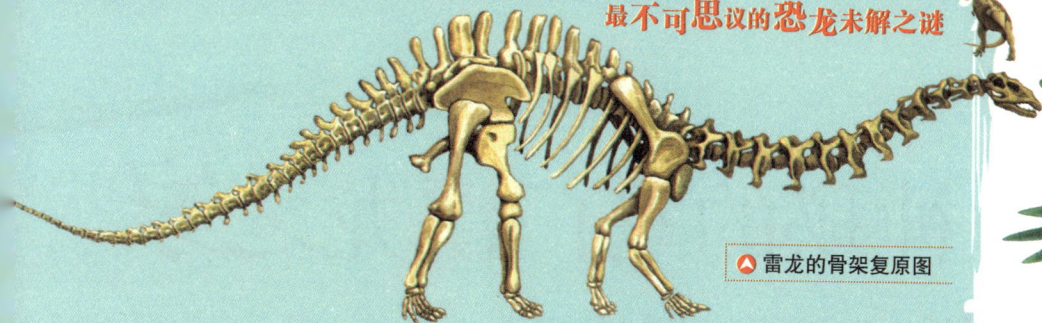

▲ 雷龙的骨架复原图

雷龙的体长大约21米，推测其体重约25吨。它们的四肢十分粗壮，就像四根大柱子，脚掌就像一把张开的伞那么大。雷龙的后肢比前肢要长。古生物学家们推测，它们的后肢比前肢要更有力一些。它们也许能够利用后肢站立起来，取食高处的植物。

1883年，两架不完整的雷龙骨骼修理完毕，要进行装架展出。但骨架没有头，怎么办呢？马什根据自己的主观猜测，给它们装上了圆顶龙的头骨。后来卡内基博物馆的馆长和一些古生物学家经过研究后提出，应该把装在雷龙骨架上的圆顶龙头骨取下来，换成梁龙的头骨更合适。但当时证据还不够充分，所以遭到了生物学界一些权威人士的反对。1915年，美国化石采集家厄尔·道格拉斯在犹他州卡内基化石坑发现了一具比较完整的蜥脚类恐龙骨架，认为很可能是雷龙，最重要的是发现了其头骨的部分碎片。后来，美国两位古生物学家麦今托什和伯曼把所有在北美洲发现的蜥脚类恐龙，特别是雷龙、梁龙、圆顶龙的骨架做了对

► 雷龙的脚十分粗壮。

比。最后，他们修复了厄尔·道格拉斯发现的头骨碎片，并给雷龙换了头骨。

可是，人们发现的头骨碎片真的是雷龙的吗？雷龙换上的真是它的头骨吗？恐怕没有人能够确定。

恐龙大揭秘
Dinosaur

疯狂的扫荡者——雷龙

雷龙主要吃羊齿类和苏铁类植物，它们的食量非常大，进嘴的食物几乎不经咀嚼就直接进到了胃里。如果哪个树林里来了一群雷龙，这个树林就会遭受灭顶之灾。因为雷龙会在短短几天内把整个树林扫荡一空。

神秘的马门溪龙之家

马门溪龙适合在浅水生活吗?
马门溪龙生活在森林里吗?

马门溪龙是一种生活在侏罗纪末期的蜥脚类恐龙。从外形上来看,它们的脖子是目前为止已知地球生物中最长的,就像是一座拱桥。这根细长的脖子把马门溪龙的身体拉长了,使它们显得比其他蜥脚类恐龙要苗条轻盈得多。但

马门溪龙与角鼻龙和暴龙生活在同一时代。

是马门溪龙脖子里的颈椎骨相互重叠压在一起,所以脖子非常僵硬,只能慢慢地转动。

以马门溪龙这样奇特的身材,适于在哪里生活呢?古生物学家们对此一直争论不休。

有人认为马门溪龙是浅水栖息者,一生的大部分时间是在水深约20米的湖泊中度过的。它们借助水的浮力来支撑笨重的躯体,头顶微微露出水面。鼻子和眼睛长在头顶,类似现代潜艇的潜望镜,既可以进行呼吸,又可以窥测周围水面的动静。马门溪龙长期待在水下,主要依靠水中的藻类和富有营

马门溪龙分为建设马门溪龙和合川马门溪龙两种。

◀ 马门溪龙的脖子长得惊人。

养的柔软植物生活，有时也会捕食一些软体动物和小鱼。它们会选择有利时机上岸，以避免遭到凶残的肉食性恐龙的突然袭击。

可是却有一些古生物学家认为，马门溪龙生活在广袤的、茂密的森林里，那里到处生长着红杉树等树木。成群结队的马门溪龙穿越森林，用它们小小的、钉状的牙齿啃食树叶，以及别的恐龙够不着的树顶的嫩枝。马门溪龙用四足行走，它们又细又长的尾巴拖在身后，不停地甩来甩去。在交配季节，雄马门溪龙在争夺雌马门溪龙的战斗中用尾巴互相抽打。

两幅情景描述得似乎都很合理。可是马门溪龙究竟在哪里生活呢？由于答案很难确定，这恐怕将成为一个永久的谜了。

▶ 马门溪龙的头骨和颈椎骨

恐龙大揭秘
Dinosaur

马门溪龙名字的由来

1952年，人们在中国四川省宜宾市的马鸣溪旁发现了一些恐龙化石，并把它们送给著名的古生物学家杨钟健教授确认。杨教授本想以发现地为其命名，可是因为他的陕西口音，别人误听为马门溪龙了。

▼ 有人推测，马门溪龙可能生活在陆地上。

95

探秘腕龙的生活

腕龙真的有好几个心脏吗?
腕龙会在哪里生活?

　　腕龙骨架化石一出土,就以其庞大的体形、惊人的体重,轰动了整个古生物界。它们长着长脖子、小脑袋和长尾巴。一般的蜥脚类恐龙都是前肢比后肢短,而腕龙的前肢却比后肢长,就像现在的长颈鹿一样。它们成群居住并且一起外出觅食。腕龙每天需要吃大量的食物,来补充身体和活动所需的能量。一头大象一天大约需要150千克的食物,而腕龙每天大约能吃1500千克的食物!经古生物学家研究证实,吃东西时,腕龙会不经咀嚼就将食物整个吞下,再由胃进一步消化。

　　古生物学家推测,当腕龙抬起头去吃树梢上的叶子时,它们的头部离地面大约有12米,血液要克服地心引力的作用,输送到头部这么高的

腕龙的头骨

地方，只有一个心脏的话恐怕很难做到，所以腕龙也许有好几个心脏。但是现在还没有找到腕龙拥有多个心脏的化石证据，这只是古生物学家的一种推测罢了。

腕龙体形笨重，因此很多人都认为它们很难在陆地上生活。比如说，在泥泞的湿地上，它们可能走几步就陷下去了。如果一不小心摔倒，肚子还有可能摔破。所以一些古生物学家认为，腕龙通常生活在水中，靠水的浮力减轻体重，只露出头部在水面呼吸。这种想法和腕龙的鼻孔长在头顶上正好相吻合。但是，一些古生物学家仔细研究了腕龙的骨骼，发现腕龙的体形非常适合在干燥的陆地上生活。他们同时强调，如果腕龙生活在水中，肺部会被水压压破，而且很可能会因无法呼吸而死亡。

两种说法都很有道理，却都没有足够的证据来支持，所以腕龙在哪里生活只能作为一个未解之谜了。

腕龙食量惊人，需要不断地寻找食物。

恐龙大揭秘
Dinosaur

不负责任的腕龙妈妈

古生物学家经研究发现，腕龙妈妈在生小腕龙的时候不做窝，它们都是一边走一边生蛋。当小腕龙自己破壳出生之后，腕龙妈妈也不照看自己的孩子。所以说，母腕龙实在是不负责任的妈妈。

萨尔塔龙迁徙之谜

萨尔塔龙为什么要迁徙?
萨尔塔龙迁徙后为什么活了下来?

在白垩纪晚期,大型的蜥脚类恐龙已经不多了,它们的领地逐渐被禽龙、甲龙、角龙等占据。但是,蜥脚类萨尔塔龙还顽强地活着。

古生物学家们研究了萨尔塔龙的遗迹后发现,不知出于什么原因,它们从北美洲迁徙到了南美洲,并在那里生存下来,而同一时期在北美洲生活的蜥脚类却早于萨尔塔龙灭亡了。一些古生物学家推测,可能是因为当时在南北美洲两块大陆之间有了海洋的屏障,北美洲的蜥脚类在与同时期的鸟脚类争夺食物时陷入了困境。还有人推测,北美洲新出现的植物可能不适合作为蜥脚类的食物,萨尔塔龙由于迁徙而躲过了一劫。这些假说目前还没有证据来证实,所以还有待古生物学家们继续考证。

▼ 萨尔塔龙的皮肤上满是骨质甲板。

第三章

奇妙的鸟臀目恐龙

　　鸟臀目恐龙是除蜥臀目恐龙之外的另一类恐龙，可分为鸟脚类、鸭嘴龙类、剑龙类、甲龙类、角龙类和肿头龙类等。禽龙为什么会死在一起？兰伯龙为什么头顶着一只大"手套"？剑龙尾部的神经球有什么作用？是谁杀死了那么多原角龙宝宝？霸王龙和三角龙究竟谁更厉害？肿头龙为什么要撞头？……诸多疑问等着我们共同去寻觅与探索。

牙齿怪异的异齿龙

异齿龙的牙齿有什么特点？
异齿龙为什么长着三种不同形状的牙齿？

异齿龙的牙齿分为三种。

古生物学家认为，异齿龙是地球上出现最早、体形最小的鸟脚类恐龙之一。它们通常以地表或灌木丛中的植物为食，也可能挖开沙土或蚁穴找白蚁吃。异齿龙虽然小巧，但活动范围相当大，为了寻找食物，它们能走遍非洲南部整个半沙漠化地区。

异齿龙学名的意思为"有不同牙齿的蜥蜴"，源于它们拥有三种不同的牙齿，这一点和许多只有一种牙齿的爬行动物大不相同。异齿龙进食时会四肢着地，然后用喙一片一片地啄下树叶或茎，再把它们集中在嘴的两旁，一起咀嚼。咀嚼时下颌轻微地向后锉动，这和现代牛羊的进食方式十分相似。

异齿龙为什么要进化出这样的牙齿来呢？古生物学家们根据三种牙齿的不同形状进行了研究，对它们各自的用途做出大胆猜测。

第一种牙齿是上颌最前端的上前齿，这种牙齿像哺乳动物的门齿一般，小而尖锐，与下颌的无齿质喙相对应，用来咬住树叶；第二种牙齿是上颌的类似犬齿的獠牙，与下颌的牙齿相对应，可以咬断植物，挖出地下的根茎，或者用作武器；第三种牙齿是颊

异齿龙

100

齿，边缘呈凿子状，排列得非常紧密，用于咀嚼、磨碎食物。不过，人们在有些异齿龙化石上没有发现獠牙，所以猜测可能只有雄性的异齿龙才长有獠牙，以此作为雄性的标志，来获取领地和雌性异齿龙。但有些人却不赞同这种说法，他们认为化石不完整是很正常的现象，异齿龙的獠牙只不过在形成或采集的过程中丢失了而已，并没有什么复杂的原因。

古生物学家们对异齿龙众说纷纭，使得原本就像谜一般的异齿龙牙齿更加扑朔迷离，也更加吸引着人们去寻觅与探索。

▶ 异齿龙体形小巧，肢体灵活，行动方便。

恐龙大揭秘
Dinosaur

异齿龙的生活

异齿龙生存于侏罗纪早期，大小和现在的火鸡相近。它们生活在今南非的干旱灌木丛中，很可能三五成群地紧跟着雄性领队一起在灌木丛中游荡。一旦遇到威胁，异齿龙就会立起后肢快速逃离危险地带。

探秘弯龙特别的头骨

弯龙的头骨有什么特别之处？
弯龙的眼睑骨有什么用途？

弯龙是一种草食性恐龙，生活在侏罗纪晚期到白垩纪早期，活动区域是今北美洲和欧洲等地的一些开阔林地。弯龙之所以会有这样一个名字，是因为它们的股骨，也就是大腿骨是弯曲的。它们体形庞大，头小，前肢短，后肢长。古生物学家根据发掘的化石推测，弯龙由于身体笨重，可能行动迟缓，大部分时间都四肢着地，吃长在低处的植物，但它们也能用后肢直立起来，去吃长在高处的植物或躲避天敌。

迄今为止，古生物学家已经研究过多种恐龙的头骨，发现其中弯龙的头骨显得十分特别。古生物学家仔细观察弯龙的头骨，发现它们的嘴巴前面没有牙齿，但是边缘非常锐利。他们推测，弯龙用嘴巴把植物切割下来之后，嘴巴里面的牙齿就发挥作用了，可以将食物嚼烂。而且，弯龙的颌部关节活动自如，可以前后锉动，帮助它们把食物磨碎。有趣的是，科学家观察到了弯龙牙齿替换的过程，首先是位于奇数位的牙齿依次被替换，然后才换偶数位的牙齿。而且在大多数情况下，从后向前逐一进行替换，因此替换齿系中的牙齿从后向前

▲ 弯龙的头骨

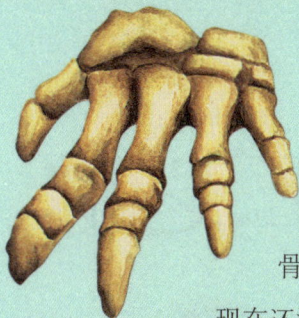

逐渐变大。

在弯龙的头骨上，最明显的特征就是眼眶处有一块突出的骨头，古生物学家把这块骨头称为眼睑骨。不过可惜的是，古生物学家现在还没有确定这块眼睑骨有什么作用。有一部分古生物学家认为，它是弯龙用来保护眼睛的，防止树枝等硬物刮伤眼睛；另外有些古生物学家认为，它是用来扩大弯龙视野的，以便及早发现敌情；还有人说它只是种装饰，没有任何实际的用途，而且很可能会阻碍弯龙的视线。

由于目前出土的弯龙头骨数量有限，而且都不够完整，古生物学家也无法准确得知这块眼睑骨的作用，只能期待今后更多相关化石出土，为我们揭开弯龙头骨上的谜团。

◬ 弯龙的掌部

◬ 弯龙的祖先

◆ 弯龙必须时刻提防异特龙的侵袭。

恐龙大揭秘
Dinosaur

弯龙的祖先——法布龙

法布龙是生活在三叠纪末期到侏罗纪初期的草食性恐龙，被认为是弯龙的祖先。它们身长1米，体形较小，用后肢行走，避敌时能以很快的速度奔跑逃生。

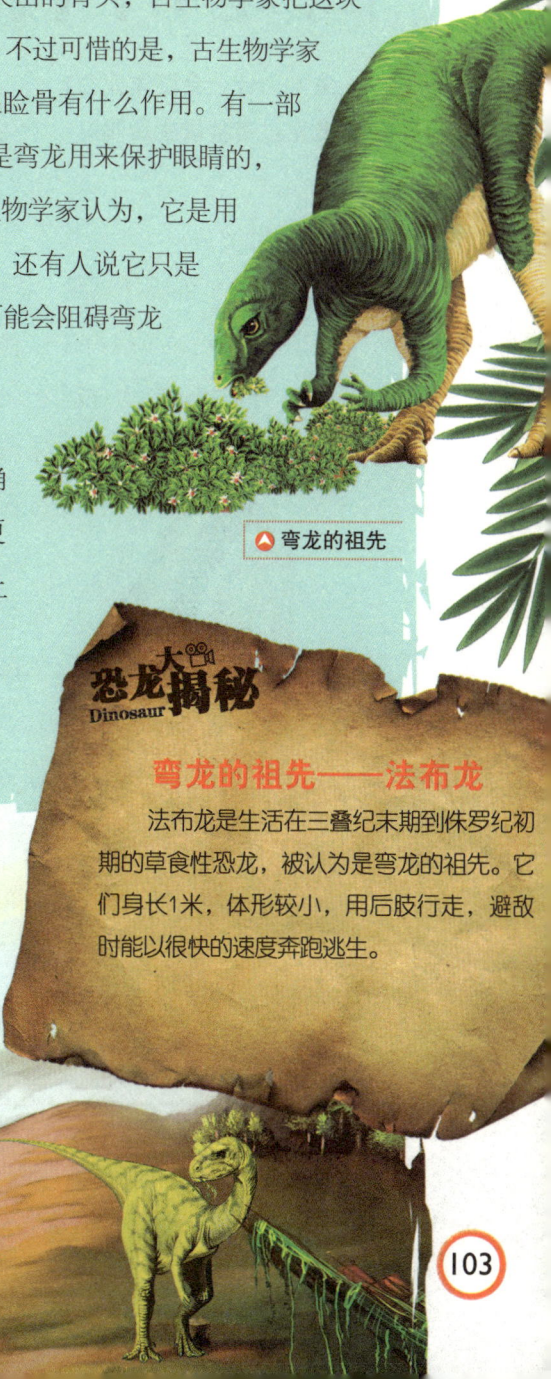

禽龙群体死亡之谜

禽龙为什么会群体死亡？
禽龙过着群居生活吗？

▲ 禽龙

19世纪初，一个叫格丁·曼特尔的英国医生去给患者看病，他的妻子玛丽·曼特尔也随同前往。在患者家附近，玛丽·曼特尔捡到了一块巨大的牙齿化石。当时大家都以为这颗牙齿的主人是一种巨大的蜥蜴。很久以后古生物学家们才证实，这块化石属于禽龙，这也是人们发现的第一块恐龙化石。

1878年，比利时的矿工们在挖煤时偶然发现了数百块禽龙的骨骼化石，当时这些禽龙并列在一起。人们把这些骨头拼凑到一起，竟然组成了40多具骨架。其中有许多骨架保存得非常完整。此外，科学家们在德国也发现了成群的禽龙骨骼化石，其中有一些禽龙紧紧靠在一起。人们不禁十分疑惑：禽龙为什么会成群地死去呢？

后来一些古生物学家研究后推测，禽龙公墓是这样形成的：1亿多年前欧洲与北美的林地里，禽龙为了自身安全，更有效地抵御

◀ 禽龙在自卫时会直立身体，用它们的长钉状"大拇指"狠狠戳向敌人。

肉食性恐龙的袭击，过着群居的生活。这样一来，任何一只肉食性恐龙都不太可能有胆量对付一整群禽龙。禽龙们一起栖息，一起觅食，它们以林地中巨大的蕨类和球果类植物为食。有时，它们会走到又陡又深的峡谷旁边寻找食物。

目前只有一部分古生物学家赞同以上推论。因此，禽龙群体死亡之谜就成了一个不解之谜。

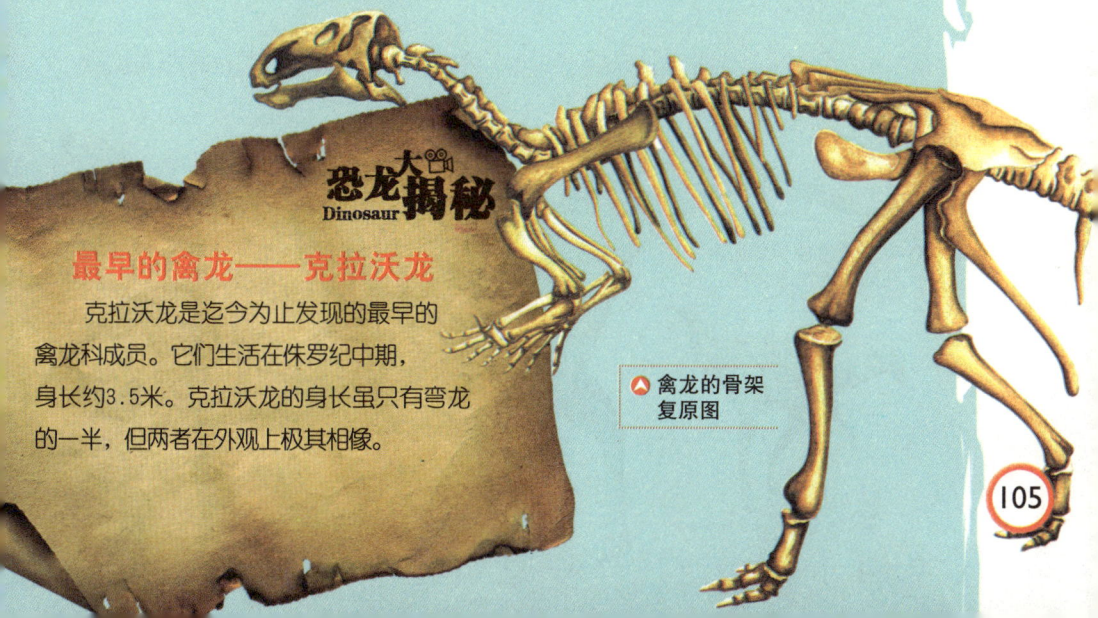

恐龙大揭秘
Dinosaur

最早的禽龙——克拉沃龙

克拉沃龙是迄今为止发现的最早的禽龙科成员。它们生活在侏罗纪中期，身长约3.5米。克拉沃龙的身长虽只有弯龙的一半，但两者在外观上极其相像。

🔺 禽龙的骨架
复原图

令人遐想的棱齿龙

棱齿龙是否生活在树上？
棱齿龙适合在陆地上奔跑吗？

▲ 棱齿龙

距今1.1亿年前后的白垩纪早期，地球上出现了一些个子不大的草食性恐龙，它们就是棱齿龙。

棱齿龙的前肢不长，掌上有五根粗短的指头，指尖上长着尖利的爪子，很适合抓扯或捧食食物。它们的后肢强壮有力，每只脚上有四根脚趾，趾端也都有爪子。古生物学家由此推测，棱齿龙能依靠四肢抓住树干，所以它们可能在树上生活。但有些古生物学家不赞同这种观点，他们经过研究后展开遐想，棱齿龙的四肢掌部不适合抓紧树枝，而它们的脚趾在奔跑时能够稳稳地控制住自己的身体，所以更适合在陆地上快速奔跑。人们甚至猜测，棱齿龙的习性应该很像今天非洲的瞪羚，很有可能是鸟脚类中跑得最快的一种。

可是以上这些说法缺乏有说服力的证据，所以棱齿龙在哪里生活就成了一个待解的谜。

▶ 有人认为棱齿龙适合
在陆地上快速奔跑。

埃德蒙托龙**鼻囊**之谜

埃德蒙托龙的鼻子有什么特点？
埃德蒙托龙的鼻囊有什么用途？

埃德蒙托龙是一种大型的鸭嘴龙类恐龙，在白垩纪末期非常繁盛。以前人们认为它们是一种水栖动物，脚掌像鸭子一样有蹼。它们可以把脚掌当桨，用尾巴当舵，在水中游来游去。但是后来古生物学家经过研究发掘出的化石证实，埃德蒙托龙的脚掌上没有蹼，只有厚厚的肉垫，尾巴也不容易弯曲，不能起到舵的作用，它们是完完全全的陆生动物。

埃德蒙托龙最奇特的地方是它们的鼻子。它们鼻子的上方有一层可胀大的皮肤，叫作鼻囊。有人认为，平时这个鼻囊会皱皱地贴在脸上，当遇到暴龙或其他可怕的肉食性恐龙时，埃德蒙托龙会发出响亮的吼叫声，同时将鼻囊鼓起来，向进攻者示威，这样有可能把敌人吓走。还有人认为，当埃德蒙托龙找不到自己的孩子或同伴时，可以用鼻囊发出召唤声，迅速找到它们。还有人认为这个鼻囊是它们在繁殖期用来吸引异性的。

由于说法不一，埃德蒙托龙的鼻囊有什么用途一时还难下定论。

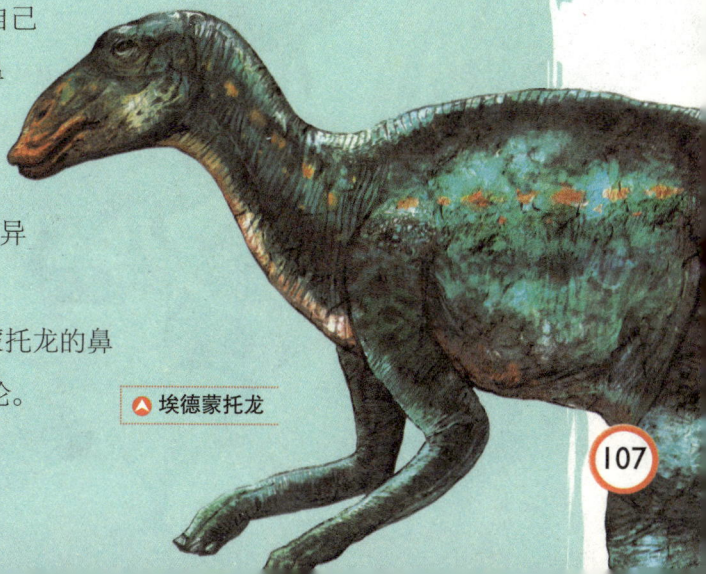

▲埃德蒙托龙

慈母龙的育儿经

慈母龙是怎样产卵的？
慈母龙怎样照顾它们的孩子？

1979年，科学家们在美国蒙大拿州发现了一些恐龙窝，以及大大小小的恐龙骨架，于是他们把这种恐龙命名为慈母龙，意思是"好妈妈蜥蜴"。

古生物学家发现，绝大多数慈母龙的窝都和圆形饭桌差不多大，窝的上部覆盖着植物和泥沙，有20多个蛋一圈一圈地产在窝内。他们推测，当时慈母龙把窝建在高原地区，每年干旱季节时都要回到这里下蛋，繁衍后代。

产下蛋以后，慈母龙会怎样做呢？古生物学家猜测，慈母龙妈妈，可能还有爸爸，会在窝旁保护着蛋，以免它们被其他动物偷走吃掉。慈母龙妈妈可能会卧在自己的蛋上孵化它们，当"她"要去吃东西时，则由其他慈母龙妈妈帮助看护。当小慈母龙出世以后，它们的父母会细心照顾它们，给它们喂食物。慈母龙父母先将坚硬的植物嚼

❤ 慈母龙妈妈对小慈母龙关怀备至。

碎，然后再喂给小慈母龙。为什么古生物学家会想象出这样温馨的一幕呢？这是因为研究者发现，慈母龙的窝旁有很多破碎的蛋壳，而窝里的小慈母龙有的肢骨关节刚刚生长出来，有的则发育完整了，而且牙齿有磨蚀的痕迹。古生物学家们依此推测，不一样大小的小慈母龙一起生活在窝里，接受着成年慈母龙的照料。

还有古生物学家推测，小慈母龙一直在"家"中生活，长到体长1.5米时才会离窝到外面活动，大约1年以后体长达到2.5米时就可以随父母迁徙。小慈母龙要经过10～12年才不再接受父母的喂食，与双亲生活15年之后才真正独立生活。由于猜测成分过多，证据不足，慈母龙究竟是怎样抚育后代这个问题，还缺少有说服力的答案。

恐龙大揭秘
Dinosaur

小慈母龙的骨架化石

现在已经发现了不少小慈母龙的骨架化石。与成年慈母龙相比，它们的骨架除了尺寸较小外，口鼻部要短一些，从眼眶来看眼睛却更大。小慈母龙的四肢骨骼尚未发育完全，但是从牙齿的磨损来看，它们吃固体食物的时间比较早。

有争议的青岛龙头角

青岛龙长着什么样的头角？
青岛龙的头角有什么用途？

　　青岛龙化石是中国发现的最著名的鸭嘴龙化石，也是中国首次发现的完整的恐龙化石，发现于白垩纪晚期的地层里。它们是在山东省青岛市附近被发现的，因此得名。青岛龙的身长为6.6米，身高6米，外形与其他鸭嘴龙并没有多大区别，只是前肢相对要小一些。

　　青岛龙最独特的特征在于它们的头部前方有一个奇形怪状的角。这个角位于两眼之间，有1米长，看起来就像独角兽的角。这个角实际上是在相当靠后的鼻骨上长的一条带棱的棘，所以青岛龙也叫"棘鼻青岛龙"。关于这个角，有人说它应该向前倾斜，也有人说应该向后倾斜，至于这个角有什么具体作用，专家们更是说法不一。

　　有的古生物学家认为这个角具有中央神经系统冷却

◀ 青岛龙

恐龙大揭秘
Dinosaur

鸭嘴龙类的混居

　　一般情况下，盔龙、怪兽龙、原冠龙、兰伯龙和副龙栉龙等鸭嘴龙类会混居在一起。混居生活对它们十分有利，当遇到敌人时，彼此之间能够互相照应，及时逃脱危险；逃不掉的时候，还可以共同抗敌。

功能，能帮助青岛龙在气温过高时散发热量。可是这种说法却无法解释为什么其他鸭嘴龙没有角，难道它们就能忍受酷热吗？有的古生物学家认为这个角可以用来抵抗其他肉食性恐龙的进攻，是一种防御武器。可是这个角看起来似乎不够坚硬，作为武器恐怕不太管用。还有古生物学家说，这个角并没有什么实际的用途，只不过是一种装饰罢了。只是这样大的装饰顶在头上，确实比较稀奇。甚至还有一些古生物学家认为，这块骨骼是研究人员在复原青岛龙骨架的过程中摆错了位置，其实它是青岛龙的鼻骨，被误放在头骨的前方。如果真是这样的话，那么青岛龙就只是一种头部扁平的鸭嘴龙，没有什么特殊之处了。

争论还在继续，每一种说法似乎都有道理，又都不能被充分证实，所以青岛龙的这个角就成了一个尚未解开的谜。

🔻**青岛龙头角的用途至今还是个谜。**

头顶"手套"的兰伯龙

> 兰伯龙的头顶是什么样子的？
> 兰伯龙的头冠有哪些用途？

　　白垩纪末期，北美洲内陆海以西生活着一种恐龙，它们就是兰伯龙。兰伯龙属于鸭嘴龙的一种，而且可能是最大的一种。它们体长达10多米，体形几乎和霸王龙一样庞大，但却是温顺的草食性恐龙。

　　古生物学家对兰伯龙的生活习性十分好奇，猜测它们在吃饱后会到河边喝水，甚至会像今天的水牛一样在水中泡上一阵。由于季节的变化，各处植物生长的周期也不一样，所以兰伯龙会通过迁徙来寻找食物。由于它们的喙部较宽，使它们无法像那些喙部很窄的恐龙一样，从自己喜爱的植物上咬下嫩枝和叶子，而只能"胡乱"地吃些东西。

恐龙大揭秘
Dinosaur

兰伯龙的牙齿

　　兰伯龙的口中长有上百颗小而尖的牙齿，适合用来嚼碎松枝、嫩果等植物。有趣的是，兰伯龙的旧牙齿磨损掉之后，新的牙齿就会长出来以填补空缺。这样一来，即使到兰伯龙年老时，牙齿也是很锋利的。

兰伯龙最奇特的还是它们头顶上的"帽子"。这个"帽子"看上去就像一只大手套，分为两个部分：前半部分呈冠状，后半部分是一只短角，两个部分连在一起。至于这个头冠的作用，自兰伯龙骨骼化石出土以来，关于它的争论就没有停止过。

有的古生物学家认为，这个头冠是兰伯龙潜水的工具。当它们在水中时，头冠可以作为潜水时的通气管，帮助它们在水面自由地呼吸。有

兰伯龙的喙很宽，所以吃食时几乎从不挑剔。

的古生物学家认为，这个头冠是用来发声的。兰伯龙头冠里的管子就像音箱，能使声音放大并产生低沉的共鸣。如果某只兰伯龙离开了群体，不见了同伴的踪影，它能用头冠发声与同伴取得联系。另一种说法是，兰伯龙群体中的成员也可能通过观察彼此不同的头冠来确认身份。

究竟哪种说法更准确呢？目前恐怕还不能肯定。

关于兰伯龙的头冠的作用，古生物学家们说法不一。

难以揣测的 **棱背龙**

棱背龙是两栖动物吗？
棱背龙的化石为什么会在海里？

  19世纪，考古人员发现了第一具棱背龙骨骼化石。这具骨骼化石发现于侏罗纪早期的石灰岩块中，当时，工作人员去掉部分岩石，其中的骨骼化石才显露出来。无独有偶，1985年，一位业余的化石搜集者在英国南部海岸发现了一块碎裂的小恐龙头颅化石，经过鉴定，该化石属于棱背龙。此后，世界各地又陆续发掘出大量的棱背龙化石。

  奇怪的是，这些出土的棱背龙化石有的是从海相沉积岩中挖掘出来的，有的则是从陆相沉积岩中挖掘出来的，由此引发了古生物学家们对于棱背龙在哪里生活的诸多猜测。

  一些古生物学家研究了棱背龙骨骼化石的两种埋藏地，认为棱背龙很可能是一种两栖动物，有时在陆地上生活，有时在河里生活。由于

下图为想象中棱背龙正在吃蕨类植物的情景。

⌃ 棱背龙会生活在水里吗?

▶ 棱背龙在陆地上散步的样子

有些棱背龙死在河里，所以很容易就被流水冲到大海里，最终变成了化石。还有一些古生物学家认为，棱背龙应该是一种典型的陆生动物。甚至有一些人构想出当时的一幅画面：在侏罗纪早期的欧洲，有一块低矮的高原山地。山丘上绿树青葱，到处都是翠绿的针叶树和蕨类植物。棱背龙生活在茂密的树林里，用窄喙剪切下树上的嫩叶和多汁的果实，然后上下颌简单运动咀嚼食物。吃饱以后，棱背龙蹒跚着到小河边喝水。不幸的是，河水突然暴涨，棱背龙被淹死，最后被冲入大海中并被泥沙掩埋起来而成为化石。

两种说法都有道理，却没有足够的证据来证实。所以，棱背龙到底在哪里生活还没有确切的说法。

大恐龙揭秘
Dinosaur

覆盾甲类恐龙

棱背龙是一种典型的覆盾甲类恐龙。这类恐龙包括所有的剑龙类和甲龙类恐龙，它们全都武装着十分明显的防卫性骨质刺钉或骨板，用四足行走。

难以归属的 敏迷龙

敏迷龙属于结节龙科还是甲龙科?
敏迷龙是甲龙中特殊的一科吗?

◆ 敏迷龙

1964年，古生物学家在澳大利亚昆士兰附近的敏迷渡口边发现了一具恐龙骨架化石，于是给它命名为敏迷龙。它是在南半球发现的第一种甲龙。只可惜这具骨架化石较为凌乱，而且有大部分缺失，所以对研究敏迷龙的意义不是很大。1990年，第二具敏迷龙的骨架出土，值得庆幸的是，这具化石比较完整。正是通过对这具化石的研究，古生物学家们才对敏迷龙有了进一步的了解，复原了它的外貌，掌握了它的习性。

不过，古生物学界现在对于敏迷龙的分科还不是十分确定。敏迷龙体形较小，而且腹部也有小型骨板保护，每节脊骨侧面还有骨板和一根骨质柱相连。这些特征和甲龙类中原始的结节龙科和进化的甲龙科都不一样。因此一些古生物学家认为，敏迷龙可能是一种特殊的甲龙类，属于结节龙科和甲龙科之外的单独的一科。可是由于证据不够充分，结果不了了之。敏迷龙究竟该归入哪一科，至今仍没有被确定。

◀ 敏迷龙现在还没有被确定分科。

埃德蒙顿甲龙自卫之争

埃德蒙顿甲龙如何防御敌人？
埃德蒙顿甲龙会进攻对手吗？

🔻 埃德蒙顿甲龙身披甲板。

埃德蒙顿甲龙生活在白垩纪末期，全身披着重重的钉状和块状甲板。这身装扮使它们看起来就像是一辆辆装甲坦克。

于是有些古生物学家认为，埃德蒙顿甲龙也像坦克一样，进攻不足，防备有余。因为埃德蒙顿甲龙柔软的肚子没有装甲来保护，所以它们在受到攻击的时候，大概会匍匐在地上，把自己缩成一团，直到敌人走开。有些古生物学家则认为埃德蒙顿甲龙会采取一种积极的自卫方式：它们会奋力冲向敌人，并用身体两侧及肩上的骨钉去刺敌人。而且当两只雄性埃德蒙顿甲龙相遇时，它们很可能会为了争夺异性或地盘大打出手。埃德蒙顿甲龙究竟采用哪种自卫方式呢？古生物学家们也期待着获取更多的资料以便研究。

117

埃德蒙顿甲龙**牙齿**之谜

埃德蒙顿甲龙的牙齿有什么特点？
埃德蒙顿甲龙为什么长着原始的牙齿？

埃德蒙顿甲龙全身上下都十分奇特，它全身长着坚硬的甲板，还有那看起来像绵羊一样的头骨，而最让古生物学家迷惑不解的是它们的牙齿。

埃德蒙顿甲龙的嘴巴前面部分没有牙齿，只有大嘴深处才有一排颊齿。从正面看，它们的颊齿像一片片大叶子，上面还有一些脊状突起，就像叶子的经脉一样。按理说，埃德蒙顿甲龙生活在白垩纪末期，应该比大部分鸟臀目恐龙都要高级一些，可它们的牙齿看起来却比较原始，这是为什么呢？有些古生物学家认为，埃德蒙顿甲龙的牙齿没有进化和它们的食物有关。它们比较挑食，吃的食物一直没有变化，所以牙齿也没有跟着进化。这种说法正确吗？由于还没有其他更合理的解释，古生物学家们只好继续探索，争取早日解开这个谜团。

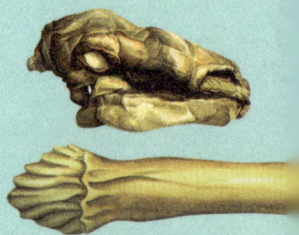

🔺 埃德蒙顿甲龙的头骨和牙齿

探秘剑龙的神经球

剑龙尾部的神经球有什么作用？
神经球相当于剑龙的第二个大脑吗？

剑龙在恐龙中体形较大，是一种行动迟缓的草食性恐龙。它们出现于侏罗纪中期，但到白垩纪早期就消失了。

剑龙的身长与非洲象差不多，头部却小得出奇，是现在所有已知恐龙中头部相对最小的。它们的脑子只有一个核桃那么大，约100克重。所以人们推测，剑龙应该是一种不太聪明的恐龙。可是古生物学家发现剑龙的尾部长有一个神经球，推测它相当于剑龙的第二个大脑。他们说，这个神经球要比剑龙的脑子大20倍，其作用是主管腿和尾巴的运动。如果真是这样的话，那么剑龙就不会那么笨，也不是等闲之辈了。在遇到敌人时，它们可能会甩动带刺的尾巴进行殊死的搏斗。可是神经球真的能起到脑的作用吗？对此古生物学家尚无一致的看法。

剑龙的头很小。

复原的剑龙副脑模型

119

原角龙宝宝死亡之谜

> 原角龙宝宝是怎样死去的？
> 原角龙宝宝的生存环境是怎样的？

20世纪80～90年代，在内蒙古巴音满都呼的白垩纪晚期的地层里，出土了大量原角龙和甲龙的化石。在挖掘出的数百具原角龙骨架中，不仅有成年原角龙的，更有大量原角龙宝宝的。从这些恐龙遗骸的埋藏姿态看，它们很可能是在极度痛苦中死去的，有的大张着嘴，有的四脚在挣扎，有的身躯不正常地扭曲着……

古生物学家们十分不解：到底当时发生了什么事情，竟然夺去了那么多原角龙宝宝的生命？

古生物学家经过长期研究，最后把目光对准了包含化石的粉砂岩。原来，这厚厚的粉砂岩是由流沙经长期的风化作用形成的。有些古生

恐龙大揭秘
Dinosaur

原角龙的蛋化石

1923年，人们在中国内蒙古发现了原角龙蛋化石，这是人类首次发现恐龙蛋化石。蛋的形状和蜥蜴蛋相似，呈长椭圆形。蛋壳是钙质的，表面粗糙，有细小而曲折的条状饰纹。所有的蛋排成同心圆状，摆在巢里。

物学家认真研究了巴音满都呼的地理环境，认为侏罗纪时期这里曾是一片水草丰美的绿洲，是大自然为恐龙等动物们营造的一处乐园。可是，地球上的环境总是在不断地变化着。白垩纪晚期，蒙古高原的气候发生了急剧的变化，由先前的温暖湿润，变成了干旱缺水，结果引起了土地的严重沙漠化。随着沙漠面积的不断扩大，巴音满都呼的绿洲日趋缩小，致使动物们的家园越来越荒凉，最后被流沙吞噬殆尽。生活在这里的动物便纷纷葬身于沙海之中。原角龙宝宝们就是在这样的环境中丧命的。

🔺 原角龙

听起来这种解释似乎很有道理，但是这里当时还生活着很多其他动物，为什么却只发现了原角龙和甲龙的遗骸呢？为什么会有那么多原角龙宝宝死去呢？环境变化再快也是循序渐进的，这些恐龙应当有时间迁徙，为什么它们要在沙漠中等死呢？一连串的问题又出现了，我们只好期待古生物学家们继续努力，给我们做出圆满的解释。

🔻 原角龙宝宝们真的是被流沙吞噬殆尽的吗？

探秘格斗战士原角龙

原角龙与快盗龙是怎样死的？
原角龙会像格斗战士一样进攻吗？

1971年，考古学家在蒙古发现了两具扭在一起的恐龙骨架。后经研究发现，其中一具是草食性的原角龙骨架，另一具是肉食性的快盗龙骨架，它们都生活在白垩纪晚期。从两具恐龙骨架的埋藏姿势来看，快盗龙的前爪抓住了原角龙的头部，后爪刺进了原角龙的腹部，而原角龙则低着头，角喙插入了快盗龙的胸腔。

化石出土以后，人们心中满怀疑问：当时发生了什么事情？两只恐龙是在搏斗中死去的吗？草食性恐龙一般都是比较温顺的，可是为什么这只原角龙会这样勇猛地对付快盗龙呢？

有些古生物学家猜测，当时快盗龙发现了原角龙，想把它当成猎物。它用锐利的前爪抓住了猎物的头部，用力拉向自己，以至整个身体都弯曲了。快盗龙避开了猎物坚硬的颈盾，用后爪深深地刺进了它柔软的腹部，死死抓住不放。但是原角龙并未就范，它虽难

恐龙大揭秘
Dinosaur

雄性与雌性原角龙的不同

古生物学家发现，雄性与雌性原角龙在成长过程中会发生变化。幼年时期，它们基本相同。成年后，雄性原角龙的口鼻部比雌性原角龙更厚实，颈盾更宽，颊骨更大。

▶ 原角龙看起来很温顺。

逃一死，但仍忍着疼痛拼命挣扎，试着做最后一搏，一头向快盗龙撞去，用相当尖利的嘴喙插进敌人的胸膛……最后，它们都因失血过多而死。不久，大沙暴袭来，及时掩埋了它们的尸体并使之变成了化石。

还有一些古生物学家根据两具骨架附近有一窝原角龙蛋推测，当时快盗龙十分饥饿，想吃原角龙的蛋，而原角龙为了护卫自己的后代，拼尽全力，所以造成了两只恐龙猛烈的厮杀。

还有人奇怪，快盗龙是一种十分凶猛的恐龙，为什么却连一只体形并不大的原角龙都打不过呢？原角龙能和快盗龙战成平手吗？到底当时的状况是怎样的呢？由于年代久远，并没有留下其他化石证据，恐怕这将永远是一个未解之谜了。

🔺 原角龙会向敌人进攻吗？

🔻 激烈的战斗场面

难测的尖角龙前肢

尖角龙的四肢会是什么样的？
尖角龙的前肢是直立的还是弯曲的？

尖角龙学名的意思是"带尖角的蜥蜴"。它们的身体非常粗壮，再加上鼻骨上方的尖角，使它们看起来就像一只大犀牛。像犀牛一样，尖角龙具有厚重的头，有宽蹄的脚趾以及短小的尾巴。不同的是，尖角龙的颈部有一个犀牛所没有的骨质颈盾。古生物学家们猜测，这个颈盾有可能色彩亮丽，可以在繁殖季节吸引异性。

尖角龙鼻子上的尖角十分引人注目。

尖角龙令人着迷的不仅有尖角和颈盾，还有难测的前肢。它们的四肢十分粗壮，像短柱子一样。可是一直以来，古生物学家们对尖角龙前肢的形态说法不一。一种观点认为，它们的前肢是直立的。另一种观点认为，其前肢向外屈张，肘部突向外侧，就和现在的蜥蜴一样。双方各执一词，互不相让，结果尖角龙的前肢到底什么样子，至今还没有一个明确的结论。

尖角龙的前肢会是什么样的？

争论不休的戟龙**站姿**

戟龙站立的姿势像蜥蜴吗？
戟龙站立时前肢是直立的吗？

　　戟龙是角龙类恐龙中角最多的一种，因其美丽的环形颈盾特别像中国古代兵器中的戟而得名。

　　长期以来，戟龙的站姿如何，一直在古生物学界存在争议。以前一些古生物学家认为，戟龙的前肢分得很开，脚趾向外撇，看上去像蜥蜴一样，这样能让它们站得比较稳。但20世纪六七十年代以来，一些古生物学家提出了异议。他们认为戟龙站立时前肢应该更直立一些，两腿之间的距离也应该更小一些，这样有利于奔跑。到底哪种才是戟龙的正确站姿呢？这个问题还有待古生物学家们的进一步探讨和研究。

▼ 两只戟龙正在争斗。

▲ 戟龙

疑云重重的三角龙

三角龙的颈盾是什么样子的?
三角龙的角有什么用途?

三角龙是体形最大的一种角龙,仅头部的长度就相当于一个成人的身高。此外它们还是出现时间最晚的、数量最多的角龙。它们一直活到了白垩纪结束,是末代恐龙的代表。

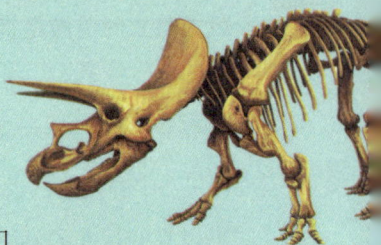

▲ 三角龙的骨架复原图

三角龙也和其他角龙一样,脖子上长了一块大大的颈盾。这块颈盾是一体实心的,与脑袋上的尖角形成了完善的攻防装备,只不过这副装备实在是太重了,估计它的重量达到了300千克。虽然现在无法确定三角龙的颈盾是什么颜色的,但有的古生物学家猜测它可能是华丽多彩的,既可以在当时的自然环境中形成保护色,又可以像孔雀的尾巴一样作为求偶的工具,吸引异性的注意。

◀ 三角龙的颈盾能很好地保护头部。

恐龙大揭秘
Dinosaur

三角龙的发现者

在许多有关恐龙的资料里面,三角龙的发现者都填写着美国著名生物学家马什。其实第一块三角龙骨骼化石是美国化石采集者约翰·贝尔·赫琪尔发现的,只不过他当时是为马什工作而已。

　　三角龙的头部与颈盾紧紧相连，外面完全由一堆结实的骨甲构成。在这些骨甲中，明显地挺立着三个尖角，其中有两个尖角长在眼睛的上方，叫作眉角，长度超过了1米。还有一个尖角立在鼻子上，叫作鼻角，长度比眉角要短一些。至于这些尖角的作用，古生物学家们分成两派，各执一词。一派古生物学家认为尖角是用来对付肉食性恐龙的武器。当敌人来进犯时，三角龙只要低下头，用尖角猛刺过去，敌人便会吓跑了。另一派古生物学家则认为，尖角是用来进行族群间的战斗的。像现在的许多动物一样，雄性三角龙之间也会为了争夺族群的领导权和与异性的交配权而打架。不过，因为对方是自己的同伴，而不是敌人，所以它们打架时不会用尖角去刺对方，只是把颈盾上的尖角卡在一起，然后互相推或扭转，直到较弱的一方让步为止。

　　三角龙尖角的用途至今没有确定的说法，我们只有寄希望于更多的化石出土，为我们揭晓答案。

▶ 三角龙体形健硕，四肢十分粗壮。

霸王龙与三角龙争霸

霸王龙会吃掉三角龙吗？
霸王龙和三角龙谁更厉害？

我们都知道，三角龙和霸王龙共同生活在白垩纪末期。于是人们不禁好奇：当它们相遇时，情况会怎么样？肉食性的霸王龙能够打败同一重量级的草食性的三角龙吗？

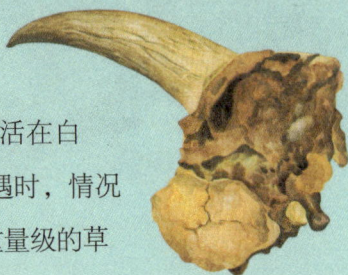

▲ 三角龙的部分头骨化石

科学家在美国蒙大拿州的一次考古发掘中，发现了一些印有霸王龙齿痕的三角龙骨骼碎片化石，其中包括一只前部有1/3被咬断了的角。据此，一些科学家认定是霸王龙吃掉了三角龙。

随着研究的深入，科学家在那只断角化石的根部，也就是角连接皮肤的地方发现了一条本不该有的隆起的细线。科学家借助X光进行观察，发现这条线是伤痕重新愈合后所形成的。这一发现至少说明了这只三角龙在此之前还跟霸王龙对决过，虽

▼ 三角龙

恐龙大揭秘
Dinosaur

三角龙群的集体防御

科学家推测，当三角龙群遇到霸王龙时，它们可能会像今天的野牛一样，强壮的个体头朝外尾朝内围成一圈，组成一道"铜墙铁壁"，让老弱病残待在圈内，让霸王龙无可奈何。

然受了伤，但是成功地逃脱了，而且此后还活了很长一段时间，使伤口得以愈合。也就是说，之前与三角龙交战的那只霸王龙"失手"了。于是，科学家们不得不重新审视这场远古时代巨兽间的对决。

当霸王龙逼近时，三角龙首要的事情就是逃跑、保命。它虽然以四肢行走，但是短短的前腿使它不可能跑得很快。但也正是因为体重全都稳固地集中在四条腿上，因此三角龙在转向、拐弯时要比霸王龙灵活自如得多。而且，当三角龙发现逃跑已经来不及时，它可能会像现在被激怒的犀牛一样，全速出击。可以想象，当它低头显露长角，以近6吨的体重，35千米/小时的速度冲击时，那又尖又窄的角可以轻易地刺穿霸王龙的肚子。

但是，这只断角的三角龙与霸王龙展开了怎样的战斗呢？那只印有霸王龙齿痕的角能不能证实霸王龙战胜了三角龙呢？这对今天的人们来说，始终是一个无法解开的谜。

独特的开角龙颈盾

开角龙的颈盾为什么是中空的？
开角龙的颈盾有什么用途？

开角龙是一种生活在白垩纪晚期的草食性恐龙，其化石发现于美洲，和三角龙具有很近的亲缘关系。开角龙的外观和三角龙极为相似，但体形较小，体长大约4.8米，仅及三角龙的一半。据推测，它们的体重约为2吨，和一只犀牛差不多大小，行动比较迅速。此外，开角龙也有三只角，鼻子上方的一只较短，眼睛上方的两只又尖又长。

开角龙的体形虽然比三角龙小，但却拥有比三角龙更加修长、更加夸张华丽的颈盾。一般情况下，颈盾是有效的生存武器，可以用来防御敌人，但过于宽大的颈盾会给恐龙造成沉重的负担，带来生活上的诸多不便，甚至会使它们在危难时难以逃生。那么开角龙为什么进化出了这样大的颈盾呢？古生物学家们对此展开了激烈的争论。

一些古生物学家推测说，颈盾虽然厚重，给开角龙的生活带来了不便，但好处是可以保命。开角龙没有别的防御武器，被敌人追上时，可以用宽大的颈盾用力抵住敌人，保护自己。即使颈盾不能御敌，也可以起到震慑作用，因为这样大的颈盾在外观上可以给对手造成很大的压力，让对手退避三舍。

另一些古生物学家仔细研究了开角龙颈盾的内部构造，发现这个颈盾可说是别具一格。它不是一整块的盾板，而是在靠近边缘的地方开了大大小小的许多孔洞，而且很多地方还是中空的。他们认为，开角龙可能利用颈盾多孔和中空的特点来减轻颈盾造成的负担，也就是说，开角龙在进化上舍弃了应有的防御能力，而选择了在危险时无负担的、轻松的逃生。

还有一部分古生物学家认为开角龙的颈盾没有防御的功能，就像孔雀的尾巴那样，只是用来向异性求爱。

以上说法到底哪种正确呢？人们希望通过更多的证据来找出答案。

恐龙大揭秘
Dinosaur

🔻 五角龙是三角龙的亲戚。

只有三只角的五角龙

开角龙有个亲戚叫五角龙。有人会以为五角龙有五只角，其实它只有一对眉角和一只鼻角。最初的恐龙研究者把它颊部的两个角质突起误当成了角，所以把它命名为五角龙。

131

肿头龙以什么为食物

肿头龙会吃哪些植物？
肿头龙会吃昆虫吗？

　　肿头龙的外形和一般用后肢行走的中小型草食性恐龙大致相似，但它们头部的构造很特别。它们的头盖骨异常肿厚，所以头颅极其坚硬，并扩大成了一个突出的圆顶。颅骨后面有一个突出的骨质栅，厚度约25厘米，形状就像保龄球。

　　古生物学家在研究肿头龙头骨的时候发现，它们的牙齿构造与和它们同时代的鸭嘴龙类和角龙类恐龙不太一样，不能嚼烂那些纤维丰富的坚韧植物。于是人们纷纷猜测，肿头龙到底以什么为食。一些古生物学家认为，在肿头龙的食谱上可能都是一些容易嚼烂的东西，如植物的种子、果实和柔软的叶子等。还有一些古生物学家猜测，肿头龙也许还吃昆虫。如果是那样的话，肿头龙就成了不折不扣的杂食性恐龙了。由于证据不足，这些猜测是否属实，还有待进一步考证。

◀ 肿头龙的头骨

◀ 肿头龙以什么为食，现在还不能确定。

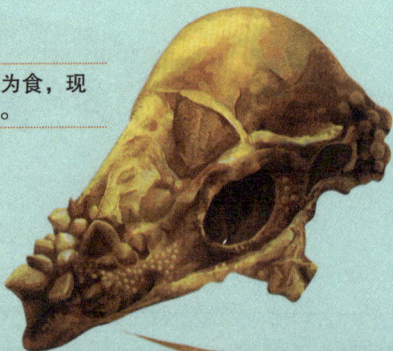

肿头龙**撞头**之谜

肿头龙之间打架会撞头吗？
肿头龙会用撞头来御敌吗？

由于肿头龙在恐龙家族中只能算是中小型恐龙，所以古生物学家猜测，为了保护自己，肿头龙应该过着群居生活。成年的雄性肿头龙之间可能会像现在的山羊一样，通过打架来决定谁是群体的首领。因为肿头龙的头顶很圆，碰撞时接触的部位很小，很容易发生危险，尤其是脖子很容易扭伤，所以在打架时，两只肿头龙并不会直接撞头，而是把头用力顶在一起，谁的力气大，谁就获胜。

人们不禁联想到：遇到敌人时，肿头龙也会一头撞过去吗？对此，古生物学家们说法不一。有人说肿头龙尽管拥有厚厚的头骨，但这却不能帮助它们抵抗肉食性恐龙的袭击，所以只有拼命地逃跑。还有人说肿头龙遇到敌人时毫不畏惧，会用头抗击敌人。如果肉食性恐龙被一群肿头龙包围起来的话，很可能成为"瓮中之鳖"，还有被撞死的危险。事实到底怎样，谁也不能确定，只能期待将来古生物学家给出确切的答案。

❤ 人们推测，雄性肿头龙可能通过互相撞头来获得领导权和交配权。

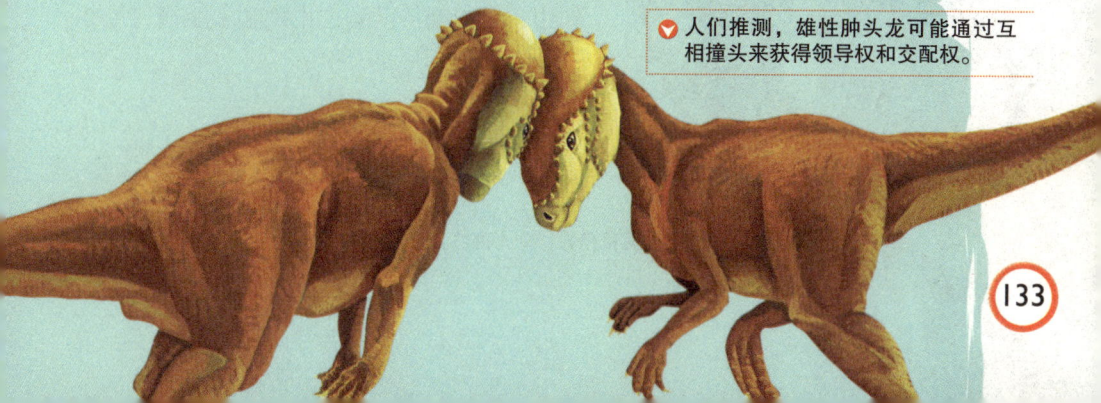

冥河龙头骨的猜想

冥河龙的头骨是什么样的？
冥河龙头上的角刺有什么作用？

1983年，人们发掘出一具冥河龙的骨骼化石。在当时的全部化石记录中，冥河龙以头上繁多而复杂的角刺使其在同类中显得面目狰狞。

△ 冥河龙的头骨

观察冥河龙的头颅顶部、后部与口鼻部，我们会发现上面都饰以非常发达的角刺，这使它们看起来似羊非羊，似鹿非鹿。这些奇怪的角刺有何作用呢？有些古生物学家认为，冥河龙头颅上的圆顶可以承受猛烈的冲撞，角刺则可用来进攻，所以圆顶和角刺可以作为群体中雄性之间争斗的武器。也有一部分古生物学家认为，这些东西纯粹是装饰，雄冥河龙可以在繁殖季节用角刺来吸引异性。

可惜的是，人们目前只发现了五具冥河龙的头骨，以及一些零零碎碎的身躯遗骸，还不能确定角刺的具体作用，只能期待以后古生物学家能找到足够的证据来作出解释。

◁ 冥河龙面目狰狞，令人害怕。

第四章

难解的其他史前动物

　　遥远的史前时代，不仅生活着恐龙，还生活着其他动物。随着时间的推移，与恐龙同时代的动物们有的进化成为更高等的动物，有的则已经灭绝。翼龙为什么会飞？鱼龙如何生儿育女？腔棘鱼为什么存活了四亿年？猛犸象为什么灭绝了？……这里的故事可以帮你了解动物们的过去，带你进入神秘的远古时代。

备受争议的笠头螈

笠头螈怎样游泳？
笠头螈的双角有什么用途？

△ 笠头螈骨骼化石

　　笠头螈可以说是两栖动物的祖先，二叠纪时，生活在今美国得克萨斯州的湖泊、河川和溪流中，以鱼类、其他脊椎动物和甲壳类动物为食。它们身体细扁，长约1米。双眼长在身体上侧，口长在下侧。头部的两个角像两个三角箭头一样向左右支出，比身体还要宽，形状十分奇怪。当笠头螈还是幼体的时候，它们的头是圆圆的，随着慢慢长大，两个角逐渐向两侧生长，以至于整个头骨的形状像一顶斗笠，因而被命名为"笠头螈"。

　　至于笠头螈的双角到底有什么作用，古生物学界对此众说纷纭。一些古生物学家认为，或许这对宽大的角可以使笠头螈保护自己，让捕食者因为吞咽不下而不得不放弃。另外一些古生物学家则有着更为简单的看法，他们认为这对角可以发挥类似翼面的作用，让笠头螈在逆流中游

▽ 笠头螈的头像个三角箭头。

动时产生浮力。笠头螈也许大多时间都待在河床中搜寻猎物，等到发现猎物的踪影时，它们就会略仰着头迅速上浮到水面捕食，这时双角的浮力便会派上用场。

别看笠头螈长着大大的头，身体和尾巴却十分短小，这在它们的同类里算是一个特例。于是有些古生物学家推测，它们在游动时并不会扭动尾巴，而是上下摆动身体。可是另一些古生物学家认为笠头螈的尾巴即使很小，也是适于游水的。如果通过摆动身体来游泳的话，会耗费更多的体力。

由于证据不足，与笠头螈有关的各种争议还在继续，但相信古生物学家总有一天会为这些问题一一揭晓答案。

❤ 笠头螈可能大部分时间都待在河床上。

恐龙大揭秘
Dinosaur

经常待在河床上的笠头螈

笠头螈身体短而宽阔，伏在河床时很隐蔽，食肉动物很难发现它们。而且它们的眼睛位于颅骨顶部，利于在趴着时观察周围的动静。因此古生物学家认为笠头螈大多时间待在河床上。

离椎动物群体死亡之谜

离椎动物是什么样的动物？
为什么离椎动物会群体死亡？

集体死亡的离椎动物化石标本

离椎动物包括水栖动物、两栖动物和陆栖动物，全球各地的古生代和中生代岩层中都可以找到它们的化石。早期的离椎动物大多是水栖掠食性动物，但也有小部分种类在陆地上以捕猎为生。有些较后期出现的离椎动物的背上或全身演化出了盾片，具有更强的防御能力，而其他进化的离椎动物则留在水中，变成体形庞大的掠食者。

让人疑惑不解的是，已发现的离椎动物化石表明，有些种类的离椎动物会好几百只同时死亡。至于为什么会出现这种群体死亡的现象，古生物学家们也说法不一。传统的观点认为，这些离椎动物是因为栖居的水域干涸致死的。有些古生物学家认为，这种现象是因为死亡动物的骨头随着流水冲刷而逐渐堆积形成的。还有一种说法是，突然爆发的泥石流或洪水导致了这些离椎动物的同时死亡。究竟哪种说法才是正确的呢？现在仍没有人能下定论，所以离椎动物为何会群体死亡还是一个不解之谜。

为什么离椎动物会群体死亡，现在还没有定论。

步特耐龙的**尾巴**之谜

步特耐龙有尾巴吗？
步特耐龙游泳时需要尾巴吗？

步特耐龙属于三叠纪晚期的大型离椎动物，它们曾经生活在现今的北美洲一带。它们有着宽阔扁平的身体和大型颅骨。附肢小而脆弱，表明它们不经常在陆地上行走，附肢可能只是用于游泳或抓取食物。

◆ 步特耐龙骨骼复原图

当人们研究出土的步特耐龙的化石时发现，它们其他部位都很完好，只是缺少尾巴。有人认为步特耐龙应该是长尾巴、会游泳的掠食性动物，所以就根据这个观点在对其复原时补上了长尾巴。然而后来有很多人对此提出异议，他们认为步特耐龙确实有尾巴，但应该是一条短尾巴。因为他们猜测步特耐龙可能会卧在河床上静待猎物出现，不需要游得很快。还有一小部分人认为，步特耐龙游泳时根本不会用到尾巴。可惜的是所有的人都没有拿出有说服力的证据，所以步特耐龙的尾巴便成了一个谜。

步特耐龙的尾巴会是什么样的呢？

恐龙时代的天空霸主

翼龙是恐龙吗？

翼龙是怎样飞行的？

1784年，意大利的古生物学家科利尼在德国发现第一具翼龙化石时，并不能确定它属于哪一类动物。有人认为它是一种海洋动物，还有人认为它是鸟和蝙蝠的过渡型动物，等等。

直到1801年，法国著名的比较解剖学家居维叶才鉴定它为翼龙，归于爬行动物。事实上，翼龙化石的发现比恐龙还要早半个多世纪。人们对这类动物充满了好奇，一直在苦苦地探索。

人们比较熟悉恐龙，但是对于翼龙可能知之甚少。不少人会产生疑问：翼龙是恐龙吗？其实翼龙不是恐龙，它们是生存在恐龙时代的一种长着翅膀的爬行动物。有人猜测，翼龙的祖先本是陆地上的爬行动物，样子有些像蜥蜴，但与恐龙和鳄类的亲缘关系较近。中生代时恐龙控制着整个陆地，翼龙则控制着整个天空，是当时的天空霸主。可是又有问题出现了：翼龙如果会飞的话，它们是怎样长出翅膀飞上蓝天的呢？

▽ 南翼龙是牙齿最多的一种翼龙。

🔻 翼龙飞上了天空。

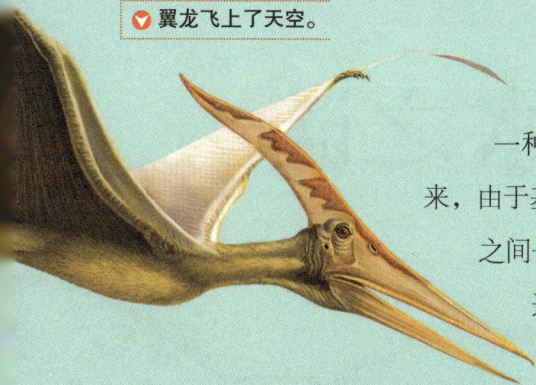

一些古生物学家推测，翼龙的祖先可能是生活在树上的一种体形小巧轻盈的爬行动物。后来，由于基因的变异，它们的前肢和后肢之间长出了窄窄的皮膜，它们便利用这层皮膜在树林间来回滑翔。随着时间的推移，皮膜变得越来越宽，逐渐进化成了能振翅飞行的翅膀。

另外一些古生物学家认为，翼龙的翅膀像蝙蝠的翅膀一样，有一层薄薄的皮膜，一端连在身体的一侧，另一端连接在前肢骨和特别长的第四趾骨上。可是翼龙的翅膀没有蝙蝠的翅膀结实，蝙蝠的皮膜有三根趾骨支撑着，翼龙却只有一根。因此，他们猜测翼龙只能滑翔，而不能振翅翱翔。

由于证据不足，现在还无法确定哪种说法才是真实的，翼龙怎样飞行就成了一个千古之谜。

🔺 翼龙的前肢有利爪以及可以抓握的第五趾。

恐龙大揭秘
Dinosaur

牙齿最多的翼龙——南翼龙

南翼龙在翼龙类中是牙齿最多的恐龙，它们的嘴巴里有上千颗牙齿。当南翼龙掠过海面，把嘴巴伸进水中捕食时，牙齿能把海水过滤出去，把食物留在嘴中。

蛇颈龙**游泳**之谜

蛇颈龙都是怎样游泳的？
蛇颈龙会潜水吗？

蛇颈龙是一种大型肉食

▲ 长颈蛇颈龙的骨架

性爬行动物，按照颈部的长短，可分

为短颈蛇颈龙和长颈蛇颈龙两种，它们都在水中生活。人们根据现有的化石发现，蛇颈龙的眼球周围有骨质环保护，由此可以推测它们的眼球呈扁平状，这样的眼睛构造比较适合在水中看清东西。此外，蛇颈龙的鼻孔很特殊，分为内鼻孔和外鼻孔，水会流经其口鼻部进入内鼻孔，气味微粒在里面被嗅测后，向外流经外鼻孔后流出颅骨。

蛇颈龙既然是一种水生爬行动物，那么它们是怎样游泳的呢？古生物学家猜测，短颈蛇颈龙能长距离地快速游动，其桨状鳍肢有力地推动躯体前进，并且能够潜入300米深的深水区捕获一些大型鱼类。相反，长颈蛇颈龙却游得比较慢，因为它们的四肢并不灵活，不能有效地帮助身体划水前进，而且长颈蛇颈龙也不能潜水，只能漂浮在水面上，借助长而弯曲的颈部在水面上捕食。这些猜测与事实有多大的差距呢？我们期待早日得到解答。

◀ 古生物学家猜测短颈蛇颈龙游得很快，而且还能潜入深水区。

鱼龙用什么<u>姿势游泳</u>

鱼龙用尾巴游泳吗？
鱼龙的鳍怎样在水中运动？

▼ 鱼龙

据科学家们推测，鱼龙是中生代生活在海洋里的爬行动物，它们的头很像今天的海豚，嘴巴长而尖，上下颌长着锥状的牙齿，整个头骨看上去像一个三角形。

鱼龙不仅头和海豚相似，身体也和海豚一样呈流线型。鱼龙没有真正的颈，从头部到躯体连成一线，四肢已经演化成鳍，躯体的后端有和鱼类差不多的尾鳍，背部还有肉质的背鳍。关于鱼龙如何在水中游泳，现在古生物学界仍众说纷纭。

很多人认为，鱼龙游泳的动力主要是由它们的大尾巴提供的。大尾巴来回拍击，身躯进行有韵律的摆动，能使它们在水中快速前进。而它们的鳍作为平衡的工具，可以控制身体在水中上下方的运动，帮助定向和制动。真实情况是否如此呢？由于年代久远，资料有限，恐怕这将永远是一个不解之谜了。

▶ 鱼龙究竟是怎样游泳的，
恐怕谁也说不清楚。

鱼龙如何生儿育女

鱼龙妈妈怎样生育宝宝？
鱼龙是卵胎生吗？

▲ 鱼龙的骨骼

古生物学家认为，鱼龙的祖先原是陆地上的爬行动物，后来下了海，通过长期的演化，终于变成了鱼形的海洋动物。爬行动物大多是卵生的。在陆地上，它们把卵生在自己挖的沙土坑中，然后任其自然孵化。鱼龙的祖先也许也是这样。但是自从鱼龙完全适应了水栖生活以后，它们就不再爬到岸上去产卵了。那么鱼龙妈妈是怎样生儿育女的呢？有一段时期，古生物学家们曾为此争论不休。后来，古生物学家们在德国的霍尔茨马登发现了一具完整的怀孕鱼龙母子的骨架化石。本以为这会使问题有了答案，可是没想到问题却越来越多。

在这之前，在霍尔茨马登，鱼龙的骨架化石已发现了300多具，但这具鱼龙母子骨架化石是最与众不同的。古生物学家发现，在这条母鱼龙的体腔中有4条小鱼龙，其中有1条很是奇怪，它的头部在母鱼龙体内的

臀部，而尾部却在母鱼龙体外。对于这种情况，古生物学家们产生了两种针锋相对的观点。一些人说，化石中的鱼龙不是母子关系，它们自相残杀，小鱼龙是被大鱼龙吞进肚里的。另一些人说，小鱼龙是这条大鱼龙腹中的胎儿。因为小鱼龙的骨架完好无损，没有被牙齿咬过的痕迹，也没有经胃液消化的迹象。而位于母鱼龙臀部的那条小鱼龙更能说明问题，它是正在分娩中的一条小鱼龙。如果真是这样的话，母鱼龙产下的是成熟的幼体，是卵胎生的。并且和现在的鲸和海豚一样，母鱼龙先把小鱼龙的尾巴生出体外，再慢慢生出上半身，直到小鱼龙完全脱离母体。

化石中的大小鱼龙是母子吗？母鱼龙是怎样生宝宝的？由于证据不足，我们无法确定当时的情形，但是我们相信总有一天会解开这个谜团。

恐龙大揭秘
Dinosaur

最大的鱼龙——肖尼龙

肖尼龙是目前已知最大的鱼龙。它的第一块化石发现于1869年，当时美国内华达州一个工人用一块扁圆形的大石头作脸盆用，后来才知道那是肖尼龙的脊椎骨。

"活化石"腔棘鱼之谜

腔棘鱼最早生活在什么时代?
腔棘鱼为什么没有灭绝?

🔺 腔棘鱼

在漫长的生物进化史中,遵循"适者生存"的原则,许多动物灭绝了。然而,随着人类对自然探索的不断深入,"已经灭绝"的动物被重新"发现"了。

在由水生动物向水陆两栖动物的进化过程中,有个中间品种叫腔棘鱼。这种鱼生活在3亿年前的古生代,大约在7000万年前就灭绝了。然而在1938年底,有人却在靠近非洲东海岸的深海里捕到了活的腔棘鱼,最后将其制成了标本。后来英国的史密斯博士经过14年的苦苦追寻,终于又在科摩罗群岛捕获了活的腔棘鱼。腔棘鱼也因此成为了生物进化史上的"活化石"。可是为什么大量的腔棘鱼都被淘汰,而为数极少的却存活下来了?有些古生物学家猜测,有一部分腔棘鱼一直生活在1万米左右深的海底。在环境恶劣的海底,它们以生存为目标,不断给自己施加压力,又不断克服压力,于是超乎想象地存活了4亿年!可是也有人提出怀疑:如此深的海底,气压肯定很大,而且那里黑暗、寒冷,腔棘鱼能承受吗?疑问至今没有得到解答,关于腔棘鱼的存活仍让人迷惑不解。

异齿兽**背帆**之谜

异齿兽的背帆长得什么样？
异齿兽的背帆有什么用途？

异齿兽是生活在2.5亿年前的盘龙类，是哺乳动物的祖先。它们的最大特征是，脊椎骨的棘从颈部到背部都最大限度地伸长，在背部中央达到最高点。这些棘上蒙着一层皮膜，形成一种纵行的背帆。

这种背帆是干什么用的呢？最早发现盘龙化石的古生物学家柯普认为：这种背帆是异齿兽用来乘风破浪、漂洋过海的装置。这一观点遭到哈佛大学教授罗美尔的坚决反对。他认为：盘龙类根本不可能有足够的智慧去操纵这种背帆。异齿兽即使大部分身体深入水下，它们也可能被大风吹得肚皮朝天。有些专家认为背帆是一种保护装置。可是又有人说：像异齿兽这样过分伸长的背帆，又能起到多少保护作用呢？还有人猜想，它是一种伪装，使异齿兽能够躲藏在植物丛中。说法虽多，却没有一种能得到所有人的赞同。看来异齿兽的背帆还有待古生物学家们进一步研究。

◀ 异齿兽

猛犸象灭绝之谜

为什么大部分猛犸象先灭绝了？
最后灭绝的猛犸象过着怎样的生活？

最后一次冰河时期，猛犸象突然在各大陆灭绝了，这是研究古生物的专家学者们遇到的最大谜团之一。事实上，当时只有两种猛犸象灭绝了，即分布于欧亚大陆北方以及北美洲的长毛猛犸象，还有一部分是在北美洲至墨西哥、哥伦比亚出没的猛犸象。最后残存的猛犸象群则在北冰洋的朗格岛又存活了6000年。为了适应环境，它们的体形变得越来越小。猛犸象为什么会遭到灭顶之灾呢？那些小型的猛犸象又是如何在朗格岛上生存的呢？

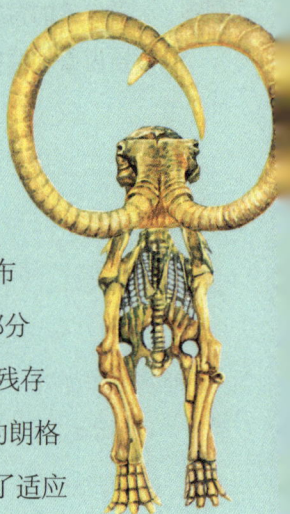

▲ 猛犸象骨骼

大恐龙揭秘
Dinosaur

猛犸象有多大

猛犸象曾经是世界上最大的象。猛犸象和现在的大象十分相似，只是身上披着黑色的细密长毛，象牙更长，体形更庞大。一头成年的猛犸象，身长达5米，体高约3米，门齿长1.5米左右，体重可达4～5吨。

　　一些学者认为，猛犸象的灭绝与人类的滥捕滥杀有关。初到北美洲的人类善于使用大型石矛尖这种杀伤力极强的狩猎工具，而且他们还能群聚在一起合作狩猎，设置陷阱和埋伏。古骆驼、大地獭和猛犸象等动物从未遇到过如此强大的捕食者，所以纷纷灭绝了。事实是否如此，现在还不得而知。

　　有些学者认为，朗格岛上的猛犸象之所以能存活下来，可能是因为该岛上的植物与冰河时代的植物相类似。多种草本植物和香草正好是猛犸象的主要食粮。但是到了2万年前，气候变得更暖和、更潮湿，新形态的植物取而代之。猛犸象的食物大量丧失，所以它们的数量也急剧减少，最后完全灭绝。这种说法乍听之下很有说服力，但也遭到了质疑。有人提出，猛犸象此前在多次气候剧变的状况下都能存活，为什么在最后一次冰河时代末期无法一如既往地应变调适呢？另外，猛犸象并非是唯一绝种的动物，还有其他许多动物的栖息地迥异于猛犸象，甚至可能因气候的变化而使它们的食物增加，但它们最终还是灭绝了，这又如何解释呢？种种现象非但没有得到合理的解释，反而为猛犸象的灭绝蒙上了更加神秘的面纱。

众说纷纭的始祖鸟

始祖鸟会飞吗？
始祖鸟是怎样学会飞行的？

始祖鸟的化石刚出土时，人们就对它们充满了好奇和疑问。有人认为，它们的羽毛特征与现代善于飞行的鸟类相似，但缺乏现代鸟类那样的胸骨，没有胸骨也就不会有发达的胸肌，因而不能扇动翅膀作长距离的飞行。始祖鸟不是真正的鸟类，只不过是带羽毛的爬行动物而已。

🔺 始祖鸟和剑龙、嗜鸟龙生活在同一时代。

但也有人指出，始祖鸟长有与鸟类完全一样的飞羽，长有这样的飞羽，当然可以飞行。否则何必把羽毛的结构进化得如此复杂和精巧呢？现在，古生物学界对始祖鸟比较一致的看法是：它们能够飞行，但飞翔本领不高，它们更擅长滑翔，或者是在地面上扇动翅膀半跑半飞地运动。那么始祖鸟是怎样学会飞行的呢？这个看似简单的问题，却引起了科学家们旷日持久

恐龙大揭秘
Dinosaur

早期鸟类孔子鸟

孔子鸟出现的时间比始祖鸟要稍微晚一点，它们生活在白垩纪早期，化石主要分布在中国东北地区。孔子鸟与现在的鸡大小相近，上下颌没有牙齿，有一个发育的角质喙嘴。它们的脊椎骨已经退化，胸骨发达，尾巴很短。

的争论。目前主要有两种互相对立的假说。

一种是树栖论。一些古生物学家认为，始祖鸟的祖先可能是一种善于爬树的小型两足爬行动物，身上长有鳞片，后来进化出了羽毛。它们生活在森林中，过着树栖的生活。为了捕捉昆虫或其他需要，它们经常在树上攀援，并从树上往下跳。因为它们身上有羽毛，尤其是前肢上的羽毛，在下跳时会起到减慢下降速度的作用，所以不会摔死或摔伤。之后，这种缓慢的降落渐渐发展为滑翔。最后，始祖鸟通过拍打翅膀渐渐由滑翔发展到真正的鼓翼飞行。

另外一种是走禽论。一些古生物学家认为，始祖鸟的祖先善于在地上行走和奔跑。为了追捕昆虫，它们一边奔跑一边跳跃，同时拍动前肢以增加速度。前肢结构日益发展，慢慢演化成了翅膀。这种动物不仅跳得越来越远，而且还能拍打翅膀飞上一段距离。最后它们终于学会了飞行，在天空自由飞翔。

上述两种说法都很有道理，究竟哪一种才是正确的呢？恐怕现在还不能妄下定论。

❤ 始祖鸟是怎样学会飞行的？

为何鳄鱼没有灭绝

鳄鱼过着怎样的生活？
鳄鱼为什么没有和恐龙一起灭绝？

　　鳄鱼没有与同为爬行动物的恐龙一起灭绝，用事实证明了自己顽强的生存之"道"。那么，鳄鱼为什么能够存活下来呢？科学家们对这个问题十分感兴趣，纷纷提出了自己的想法。

● 曾经称霸陆地的恐龙们

　　有些科学家认为，鳄鱼之间的生存关系较为协调，在必要时能够团结一致，合作捕猎，以便制服较大的猎物。获得猎物后的鳄鱼也相对较为宽容，能够容忍其他鳄鱼来分享食物。鳄鱼内部的这种生存关系极大地提高了每条鳄鱼的生存力，由此提高了整个鳄鱼种群的生存力。

　　另外有些科学家认为，与非洲狮、美洲豹这类猛兽相比，鳄鱼在捕猎的时候更加善于等待最佳时机，讲究用最少的体力消耗获得猎物。当自然界中由于种种原因造成食物极度短缺时，捕猎时体力消耗少的特点

● 鳄鱼平时在水里趴着，运动量很少，消耗自然就少。

恐龙大揭秘
Dinosaur

特殊的陆生鳄鱼
　　鳄鱼并不都是水栖的，在马达加斯加有一种特殊的陆生鳄鱼。它们长着一张短而有力的嘴，像草食性恐龙一样的牙齿。有学者说，白垩纪晚期许多种群开始分化，陆生鳄鱼就是个例子。

有助于鳄鱼度过艰难岁月。

还有一些科学家认为，鳄鱼平时运动量较少，食量较其他同体重的食肉动物要小得多，对食物的吸收利用率极高，并具有很强的抗饥饿能力，这有助于其度过食物极度短缺的时光。

还有一部分科学家认为，鳄鱼之所以没有灭绝，是由于鳄鱼的很多捕猎对象没有在6000多万年前灭绝。大灾难的结果是鳄鱼以及捕猎对象的数量都相应地减少了，幸存下来的鳄鱼依然能够得到足够的食物。因此，鳄鱼才得以逃脱整个种族灭绝的厄运。

每种说法都有一定的道理，但又都存在许多不合理的地方，所以对鳄鱼能存活下来的原因至今还不能确定。

🔻 鳄鱼捕食的时候，一般都采用突然袭击的方式。

🔻 恐龙灭绝了，而鳄鱼却顽强地活了下来。

图书在版编目（CIP）数据

最不可思议的恐龙未解之谜／龚勋主编．—汕头：
汕头大学出版社，2012.1（2021.6重印）
ISBN 978-7-5658-0508-0

Ⅰ．①最…　Ⅱ．①龚…　Ⅲ．①恐龙－少儿读物　Ⅳ.
①Q915.864-49

中国版本图书馆CIP数据核字（2012）第003475号

最不可思议的恐龙未解之谜

ZUI BUKE SIYI DE KONGLONG WEIJIE ZHIMI

总 策 划	邢　涛	印　　刷	唐山楠萍印务有限公司	
主　　编	龚　勋	开　　本	705mm×960mm　1/16	
责任编辑	胡开祥	印　　张	10	
责任技编	黄东生	字　　数	150千字	
出版发行	汕头大学出版社	版　　次	2012年1月第1版	
	广东省汕头市大学路243号	印　　次	2021年6月第6次印刷	
	汕头大学校园内	定　　价	37.00元	
邮政编码	515063	书　　号	ISBN 978-7-5658-0508-0	
电　　话	0754-82904613			